JN060664

新学習指導要領対応

学校でも、家庭でも
応用力を伸ばす！

上級 算数習熟プリント 小学2年生

学力の基礎をきたえどの子も伸ばす研究会
深澤 英雄 著

清風堂書店

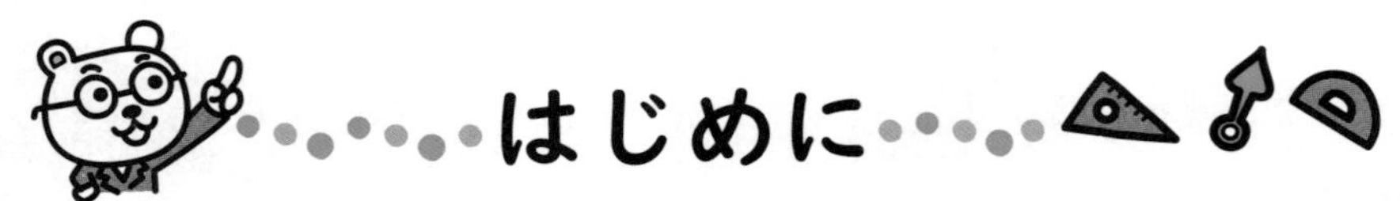

はじめに

「算数習熟プリント」は発売以来長きにわたり、学校現場や家庭で支持されてまいりました。
その中で、変わらず貫き通してきた特長は

○ 通常のステップよりも、さらに細かくスモールステップにする
○ 大事なところは、くり返し練習して習熟できるようにする
○ 教科書のレベルがどの子にも身につくようにする

でした。この内容を堅持し、新たなくふうを加え、2020年4月に「算数習熟プリント」を出版しました。学校現場やご家庭で活用され、好評を博しております。

さらに、子どもたちの習熟度を高め、応用力を伸ばすため、「上級算数習熟プリント」を発刊することとなりました。基礎から応用まで豊富な問題量で編集してあります。

今回の改訂から、前著「算数習熟プリント」もそうですが、次のような特長が追加されました。

○ 観点別に到達度や理解度がわかるようにした「まとめテスト」
○ 算数の理解が進み、応用力を伸ばす「考える力をつける問題」
○ 親しみやすさ、わかりやすさを考えた「太字の手書き風文字」、「図解」
○ 解答のページは、本文を縮めたものに「赤で答えを記入」
○ 使いやすさを考えた「消えるページ番号」

「まとめテスト」は、新学習指導要領の観点とは少し違い、算数の主要な観点「知識（理解）」（わかる）、「技能」（できる）、「数学的な考え方」（考えられる）問題にそれぞれ分類しています。

これは、「計算はまちがえたが、計算のしくみや意味は理解している」「計算はできているが、文章題ができない」など、どこでつまずいているのかをつかみ、くり返し練習して学力の向上へと導くものです。十分にご活用ください。

「考える力をつける問題」は、他の分野との融合、発想の転換を必要とする問題などで、多くの子どもたちが不得意としている活用問題にも対応しています。また、算数のおもしろさや、子どもたちがやってみようと思うような問題も入れました。

本文には、小社独自の手書き風のやさしい文字を使っています。子どもたちに見やすく、きれいな字のお手本にもなるようにしました。

また、学校で「コピーして配れる」プリントです。コピーすると、プリント下部の「ページ番号が消える」ようにしました。余計な時間を省き、忙しい中でも「そのまま使える」ようにしました。

本書「上級算数習熟プリント」を活用いただき、応用力をしっかり伸ばしていただければ幸いです。

学力の基礎をきたえどの子も伸ばす研究会

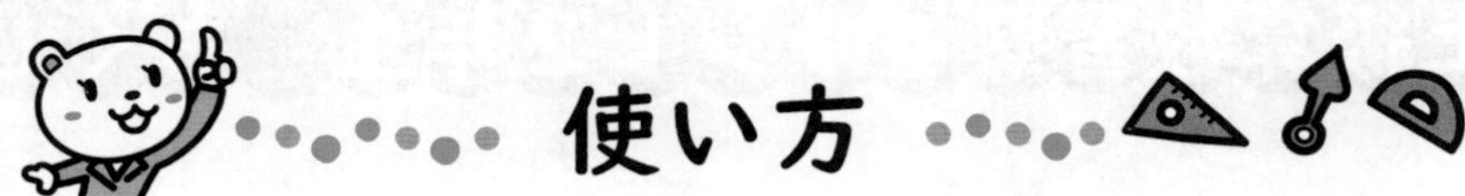

かけ算九九 ① かけ算の　いみ

かけ算九九 ② かけ算の　いみ

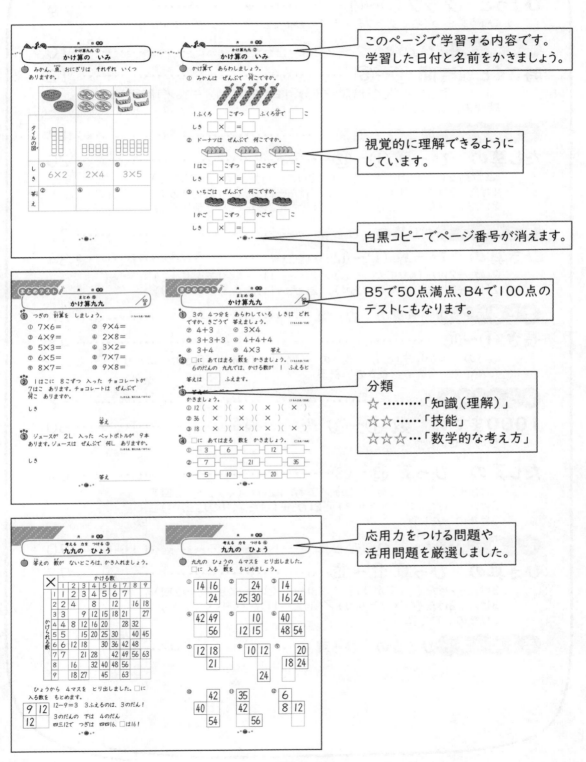

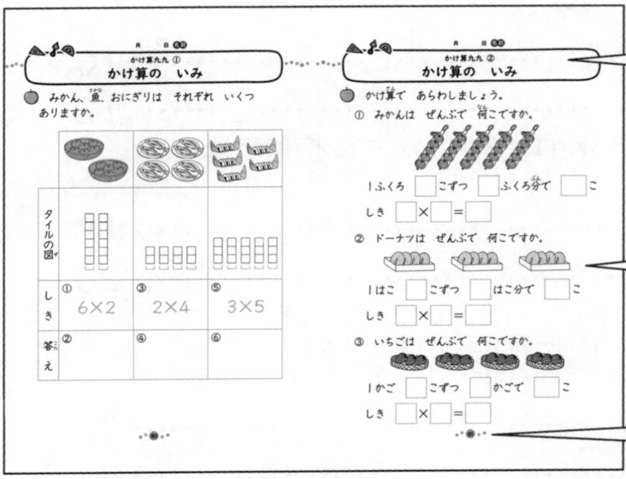

このページで学習する内容です。
学習した日付と名前をかきましょう。

視覚的に理解できるように
しています。

白黒コピーでページ番号が消えます。

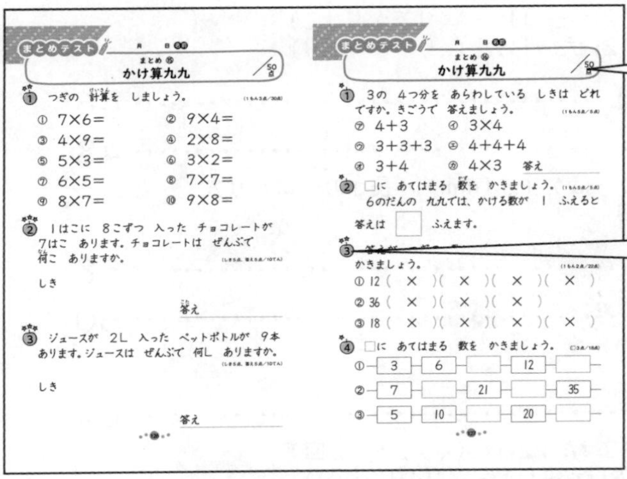

まとめテスト　まとめ ⑮ かけ算九九

まとめテスト　まとめ ⑯ かけ算九九

B5で50点満点、B4で100点の
テストにもなります。

分類
☆ ………「知識（理解）」
☆☆ ……「技能」
☆☆☆ …「数学的な考え方」

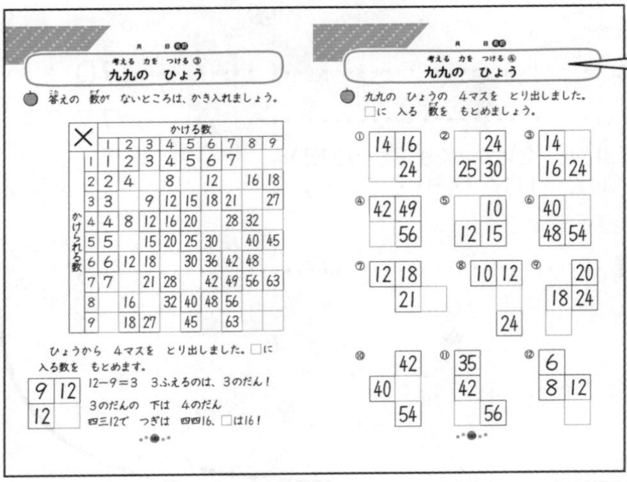

考える　力を　つける ③ 九九の　ひょう

考える　力を　つける ④ 九九の　ひょう

応用力をつける問題や
活用問題を厳選しました。

上級算数習熟プリント２年生　もくじ

月　　日 名前

ひょうと　グラフ ①

ひょうを　つくる

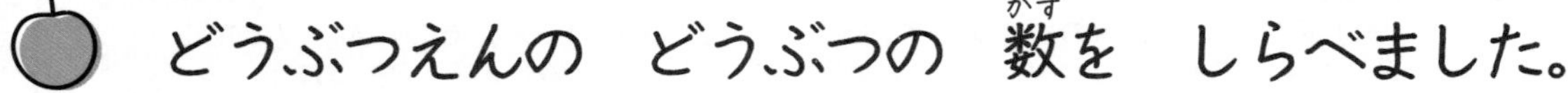

どうぶつえんの　どうぶつの　数(かず)を　しらべました。

どうぶつの　数を　ひょうに　かきましょう。

リス	ウマ	ウサギ	ハト

月　　日　名前

ひょうと　グラフ ②

グラフを　かく

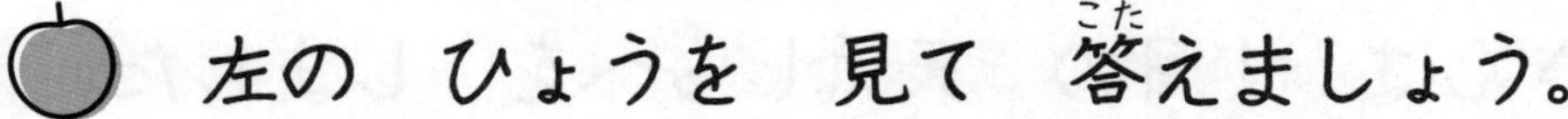

左の　ひょうを　見て　答(こた)えましょう。

① どうぶつの　数を　グラフに　あらわしましょう。（どうぶつの　数だけ　○を　つけましょう）

リス	ウマ	ウサギ	ハト

② いちばん　多(おお)いのは　何(なん)ですか。

答え ＿＿＿＿＿＿＿＿

③ 7ひき　いるのは　何ですか。

答え ＿＿＿＿＿＿＿＿

④ いちばん　少(すく)ないのは　何ですか。

答え ＿＿＿＿＿＿＿＿

ひょうと　グラフ ③

ひょうを　つくる

けんたさんは　1月の　天気しらべを　しました。

1日	2日	3日	4日	5日	6日	7日	8日	9日
10日	11日	12日	13日	14日	15日	16日	17日	18日
19日	20日	21日	22日	23日	24日	25日	26日	27日
28日	29日	30日	31日					

晴れ　くもり　雨　雪

晴(は)れ、くもり、雨、雪(ゆき)の　日数(にっすう)を　ひょうに　かきましょう。

1月の　天気しらべ

晴れ	くもり	雨	雪

月　　日　名前

ひょうと　グラフ ④

グラフを　かく

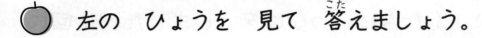

左の　ひょうを　見て　答(こた)えましょう。

晴れ	くもり	雨	雪

① それぞれの　天気の　日数を　○を　つかって　グラフに　あらわしましょう。

② 晴れと　くもりは、どちらが　何(なん)日　多(おお)いですか。

答え　　　　　　が

　　　　　日　多い

③ 雨と　雪の日の　日数を　合(あ)わせると　何日に　なりますか。

しき

答え

まとめテスト　月　日 名前

まとめ ①

ひょうと　グラフ

/50点

ともかさんたちは　わなげを　しました。1回に5こずつ　なげて、2回の　点数を　ひょうに　あらわしました。

	ともか	ひろき	あい	のぶゆき
1回目	0	2	3	1
2回目	3	5	2	3
合計点				

① ひょうに　合計点を　かきましょう。（1つ5点／20点）

② 点数が　いちばん　多いのは　だれの　何回目ですか。（10点）

だれ（　　　　）、何回目（　　　　）

③ 合計点が　多い　じゅんに　名前を　かきましょう。（1つ5点／20点）

（　　　）→（　　　）→（　　　）→（　　　）

まとめテスト　　月　　日 名前

まとめ ②

ひょうと グラフ

/50点

左の ひょうを 見て 答(こた)えましょう。

① 4人 ぜんいんで 何点(なんてん) 入りましたか。

（しき５点、答え５点／10点）

しき

答え

② 合計点を グラフに あらわしましょう。（点数の数だけ ○を つけましょう）

（グラフ１つ10点／40点）

ともか	ひろき	あい	のぶゆき

月　　日 名前

時こくと　時間 ①

1日の　生活

けんたさんの　1日の　生活(せいかつ)です。午前(ごぜん)・午後(ごご)も入れた　時(じ)こくを　かきましょう。

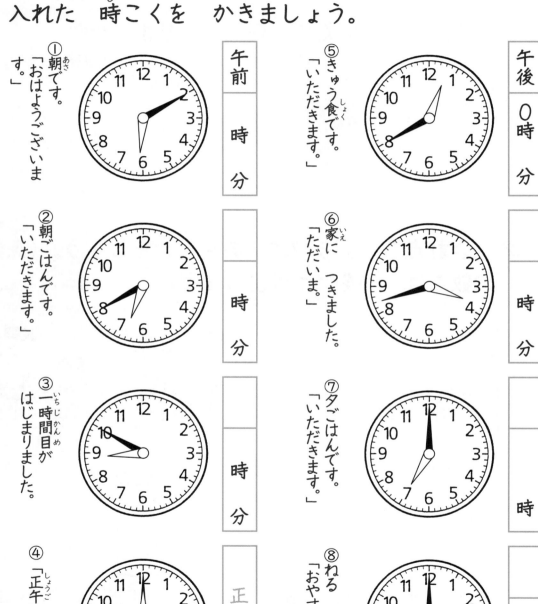

①朝(あさ)です。「おはようございます。」

午前　時　分

②朝ごはんです。「いただきます。」

時　分

③一時間目(いちじかんめ)が はじまりました。

時　分

④「正午(しょうご)」です。

正午

⑤きゅう食(しょく)です。「いただきます。」

午後　0時　分

⑥家(いえ)に　つきました。「ただいま。」

時　分

⑦夕ごはんです。「いただきます。」

時

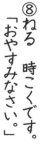

⑧ねる　時こくです。「おやすみなさい。」

時

月　　日 名前

時こくと　時間 ②

午前

午前のことです。

① 右の　時こくに　学校に
つきました。
時こくを　かきましょう。

答(こた)え ＿＿＿＿＿＿＿＿

② 40分後に　1時間目が　はじまりました。
その時こくを　かきましょう。

答え ＿＿＿＿＿＿＿＿

③ 1時間目は　算数(さんすう)で　45分間(ふんかん)です。1時間目が
おわる　時こくを　かきましょう。

答え ＿＿＿＿＿＿＿＿

④ 1時間目の　おわりから　10時までは　何分間
ありますか。

答え ＿＿＿＿＿＿＿＿

月　　日 名前

時こくと　時間 ③

1時間＝60分、1日＝24時間

（　　）に　あてはまる　数を　かきましょう。

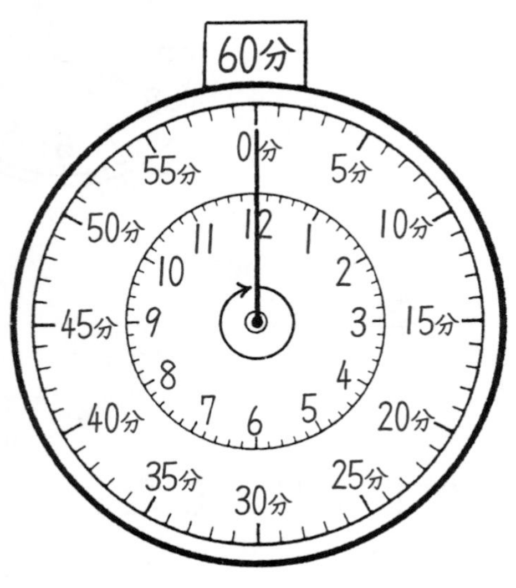

1時間＝60分

60 分＝（　　　）時間

1時間＝（　　　）分

1日＝24時間

24時間＝（　　　）日

1日＝（　　　）時間

午前と午後

むかしは、昼の　12時ごろの　ことを　「午のこく」と　いいました。午前は　「午のこくより　前」、午後は　「午のこくより　後」という　いみです。

正午は　「正に　午のこく」という　いみです。

むかしの時間のあらわしかた

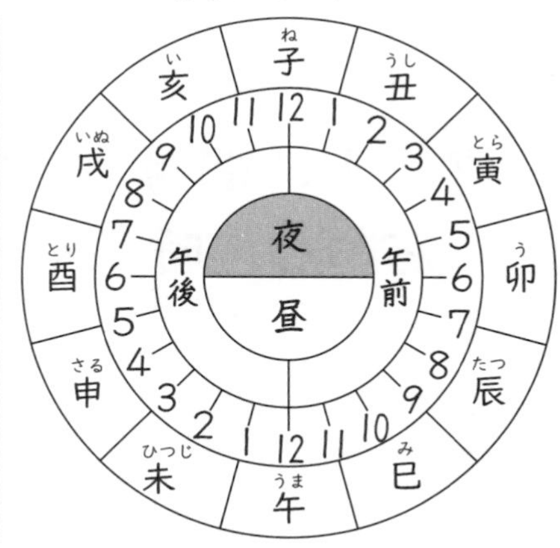

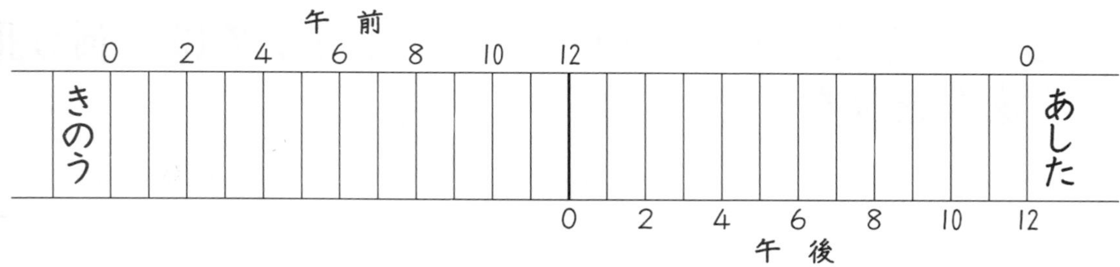

月　　日 名前

時こくと　時間 ④

午後

午後の　ことです。

① 右の　時(じ)こくに　学校を出ました。
　その時こくを　かきましょう。

答(こた)え ____________

② 20分後(ぶんご)に　家(いえ)に　つきました。
　その時こくを　かきましょう。

答え ____________

③ 家に　ついてから　30分後に　しゅくだいをおえました。その時こくを　かきましょう。

答え ____________

④ しゅくだいが　おわってから、6時まではは何時間何分(なんじかんなんぷん)　ありますか。

答え ____________

月　　日 名前

時こくと　時間 ⑤

1時間＝60分

1 つぎの　時間を　分に　なおしましょう。

① 1時間

答え

② 2時間

答え

③ 1時間35分

答え

④ 2時間15分

答え

2 つぎの　時間を　何時間何分に　なおしましょう。

① 80分

答え

② 130分

答え

③ 180分

答え

④ 200分

答え

月　　日 名前

時こくと　時間 ⑥

時間の　もんだい

① 小川さんは　70分間、山口さんは　85分間　歩きました。どちらが　何分間　多く　歩きましたか。

しき

答え

② 田中さんは　75分間、山田さんは　1時間5分間本を　読みました。どちらが　何分間　多く　読みましたか。

しき

答え

③ 竹中さんは　1時間30分間、川口さんは　80分間歩きました。どちらが　何分間　多く　歩きましたか。

しき

答え

まとめテスト　月　日 名前

まとめ ③

時こくと　時間

50点

① つぎの　時間(じかん)を　□に　かきましょう。（１もん5点／10点）

① １時間10分＝□分

② １日＝□時間

② つぎの　図(ず)を　見て　（　）に　あてはまる　ことばや　数字(すうじ)を　かきましょう。（（　）１つ10点／40点）

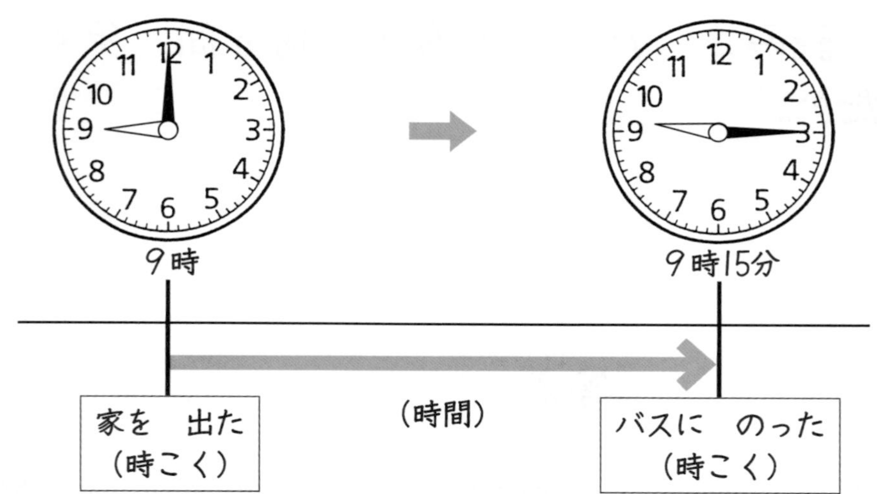

あさひさんが　子ども会(かい)の　りょこうに　さんかする　ために　家(いえ)を出た（①　　　）は（②　　　）時です。

あさひさんが　家を　出てから　バスに　のるまでに　かかった（③　　　）は（④　　　）分です。

まとめテスト　　月　　日 名前

まとめ ④

時こくと　時間

/50点

1 つぎの　時計(とけい)は　何時何分ですか。午前(ごぜん)、午後(ごご)を つけて　(　　)に　かきましょう。 (1もん5点／10点)

① 朝

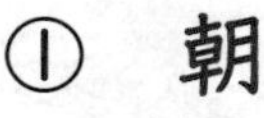

(　　　　)時(　　)分

② 夜

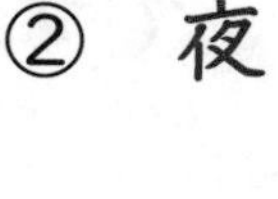

(　　　　)時(　　)分

2 つぎの　時間を　もとめましょう。 (1もん10点／20点)

① 午前7時から 午後10時まで

答(こた)え

② 午前4時15分から 午後6時40分まで

答え

3 今(いま)の時こくは、午後3時50分です。つぎの　時こくを　かきましょう。 (1もん10点／20点)

① 40分後の　時こく

答え

② 35分前の　時こく

答え

月　　日 名前

たし算の　ひっ算 ①

2けた＋2けた（くり上がりなし）

1 しおひがりに　行(い)きました。わたしは　貝を
23こ、弟(おとうと)は　16こ　ひろいました。
あわせて　何(なん)こですか。

しき

23＋16＝

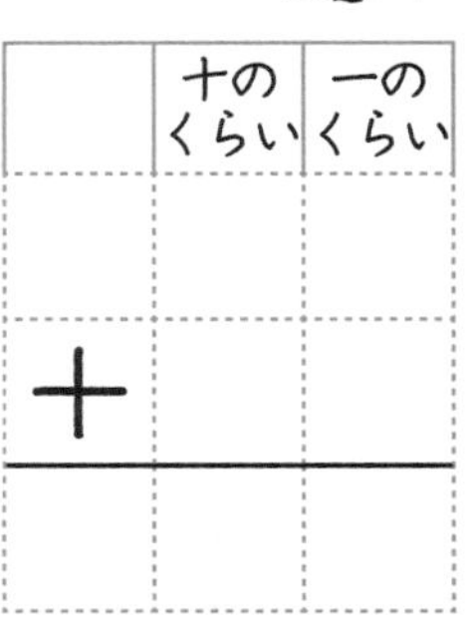

答(こた)え　　　　　こ

2 ひっ算(さん)で　計算(けいさん)しましょう。

① 42＋35

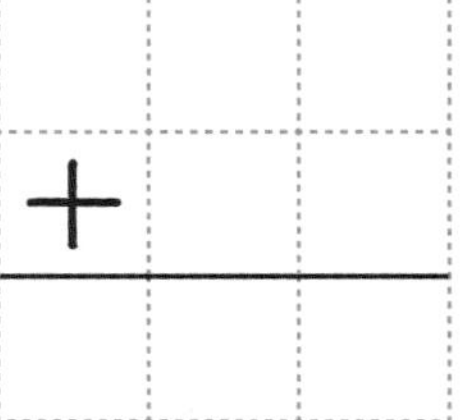

② 73＋12

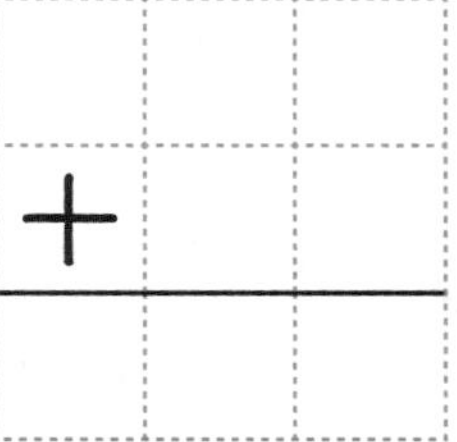

③ 64＋15

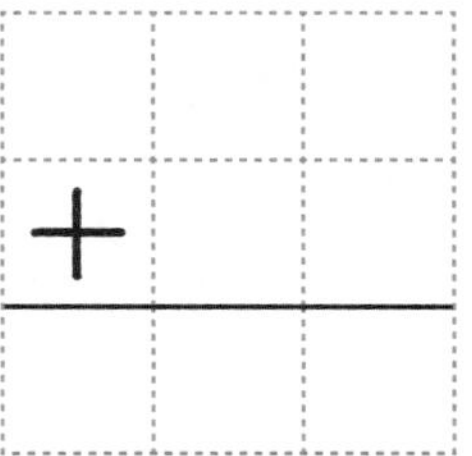

月　　日 名前

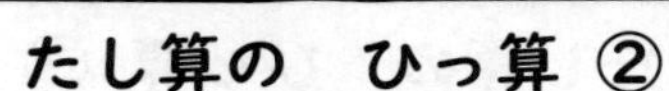

2けた＋2けた（くり上がりなし）

つぎの　計算を　しましょう。

①			②			③			④		
	3	6		1	4		4	6		7	0
＋	2	1	＋	6	4	＋	2	3	＋	1	4

⑤			⑥			⑦			⑧		
	1	2		5	1		4	2		4	2
＋	7	3	＋	3	7	＋	4	4	＋	1	7

⑨			⑩			⑪			⑫		
	2	4		1	1		2	0		2	2
＋	7	2	＋	4	6	＋	1	5	＋	2	3

⑬			⑭			⑮			⑯		
	7	1		6	3		2	0		3	0
＋	2	5	＋	2	5	＋	6	9	＋	4	0

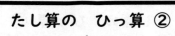

月　　日 名前

たし算の　ひっ算 ③

2けた＋2けた（くり上がりなし）

つぎの　計算(けいさん)を　しましょう。

①

	1	4
＋	7	2

②

	5	7
＋	1	2

③

	2	1
＋	4	8

④

	1	2
＋	7	3

⑤

	1	4
＋	6	5

⑥

	2	4
＋	3	2

⑦

	3	5
＋	5	3

⑧

	2	5
＋	1	2

⑨

	1	5
＋	2	4

⑩

	4	2
＋	3	5

⑪

	3	3
＋	3	3

⑫

	5	3
＋	1	6

⑬

	4	3
＋	3	6

⑭

	1	8
＋	5	1

⑮

	1	7
＋	7	1

⑯

	2	2
＋	1	6

月　　日 名前

たし算の　ひっ算 ④

2けた＋2けた（くり上がりなし）

つぎの　計算を　しましょう。

①
	4	2
＋	3	6

②
	3	2
＋	2	5

③
	1	8
＋	1	1

④
	7	2
＋	1	7

⑤
	6	1
＋	1	8

⑥
	3	6
＋	3	2

⑦
	2	3
＋	3	5

⑧
	5	4
＋	2	4

⑨
	1	5
＋	5	1

⑩
	6	4
＋	2	5

⑪
	3	6
＋	1	3

⑫
	4	0
＋	4	7

⑬
	1	1
＋	4	3

⑭
	3	5
＋	1	2

⑮
	2	1
＋	2	3

⑯
	1	7
＋	4	2

月　　日 名前

たし算の　ひっ算 ⑤

2けた＋1けた（くり上がりなし）

つぎの　計算(けいさん)を　しましょう。

①

	6	5
＋		3

②

	2	4
＋		4

③

	1	6
＋		1

④

	5	2
＋		7

⑤

	7	3
＋		3

⑥

	2	1
＋		2

⑦

	3	2
＋		3

⑧

	3	3
＋		5

⑨

	4	6
＋		2

⑩

	1	5
＋		4

⑪

	4	4
＋		2

⑫

	6	1
＋		5

⑬

	7	3
＋		4

⑭

	6	8
＋		1

⑮

	1	4
＋		4

⑯

	4	1
＋		5

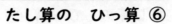

月　　日 名前

たし算の　ひっ算 ⑥

1けた＋2けた（くり上がりなし）

つぎの　計算を　しましょう。

①

		5
＋	3	2

②

		5
＋	2	4

③

		2
＋	6	5

④

		6
＋	3	2

⑤

		5
＋	7	3

⑥

		6
＋	1	3

⑦

		6
＋	8	1

⑧

		1
＋	4	3

⑨

		4
＋	2	1

⑩

		1
＋	3	7

⑪

		5
＋	7	4

⑫

		2
＋	8	7

⑬

		2
＋	6	4

⑭

		3
＋	5	5

⑮

		7
＋	2	2

⑯

		6
＋	2	3

月　　日 名前

たし算の　ひっ算 ⑦

2けた＋2けた（くり上がりあり）

① きのう、いちごを　45こ　とりました。今日(きょう)は　19こ　とりました。きのうと　今日で　あわせて　何(なん)こ　とりましたか。

しき

45＋19＝

答(こた)え　　　　こ

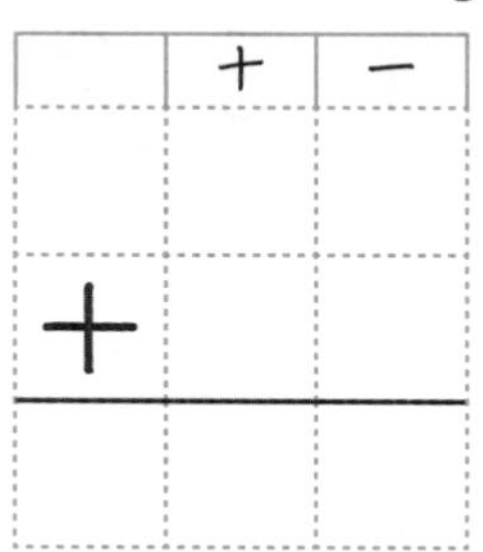

② ひっ算(さん)で　計算(けいさん)しましょう。

① 68＋17

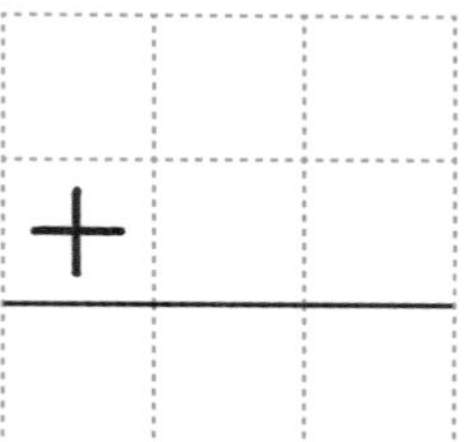

② 47＋33

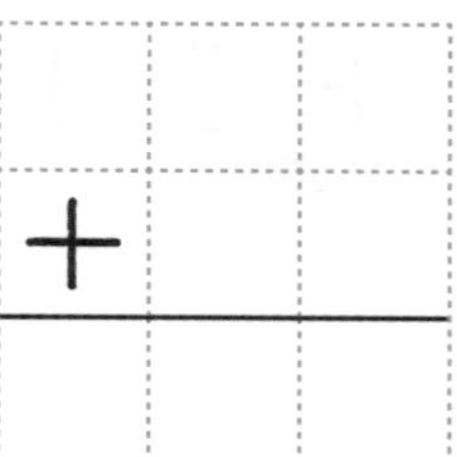

③ 27＋16

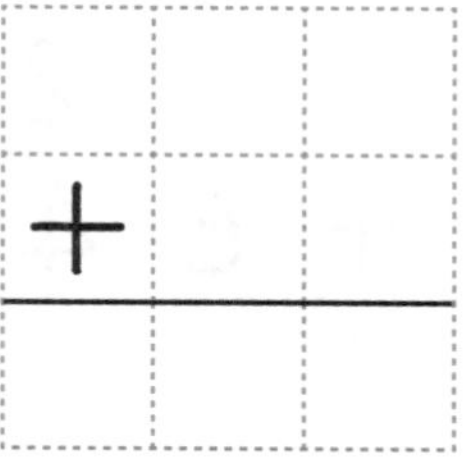

月　　日 名前

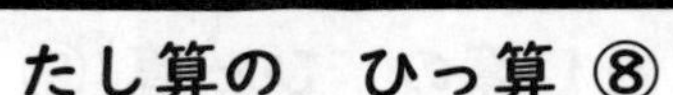

たし算の　ひっ算 ⑧

2けた＋2けた（くり上がりあり）

つぎの　計算を　しましょう。

①
	1	8
＋	7	5

②
	5	6
＋	3	6

③
	2	8
＋	1	4

④
	7	8
＋	1	2

⑤
	2	4
＋	6	8

⑥
	1	9
＋	2	5

⑦
	3	6
＋	5	4

⑧
	2	3
＋	4	9

⑨
	2	7
＋	3	5

⑩
	1	2
＋	3	8

⑪
	3	3
＋	3	7

⑫
	2	9
＋	5	2

⑬
	2	5
＋	2	7

⑭
	4	8
＋	2	8

⑮
	4	9
＋	4	3

⑯
	1	4
＋	6	7

月　　日 名前

たし算の　ひっ算 ⑨

２けた＋２けた（くり上がりあり）

つぎの　計算(けいさん)を　しましょう。

①

	5	3
＋	2	8

②

	4	5
＋	2	7

③

	2	2
＋	2	8

④

	1	3
＋	4	8

⑤

	6	7
＋	2	7

⑥

	4	6
＋	3	8

⑦

	5	1
＋	3	9

⑧

	3	6
＋	4	5

⑨

	3	8
＋	1	5

⑩

	7	4
＋	1	8

⑪

	4	4
＋	1	6

⑫

	3	9
＋	5	8

⑬

	5	4
＋	2	9

⑭

	3	1
＋	2	9

⑮

	6	7
＋	1	6

⑯

	3	7
＋	4	8

月　　日 名前

たし算の　ひっ算 ⑩

2けた＋2けた（くり上がりあり）

つぎの　計算を　しましょう。

① 15 ＋ 25

② 52 ＋ 38

③ 49 ＋ 26

④ 43 ＋ 48

⑤ 35 ＋ 46

⑥ 55 ＋ 25

⑦ 34 ＋ 37

⑧ 45 ＋ 39

⑨ 16 ＋ 37

⑩ 66 ＋ 18

⑪ 76 ＋ 16

⑫ 58 ＋ 27

⑬ 57 ＋ 34

⑭ 68 ＋ 25

⑮ 14 ＋ 49

⑯ 38 ＋ 54

たし算の　ひっ算 ⑪

2けた＋1けた（くり上がりあり）

つぎの　計算(けいさん)を　しましょう。

①
	2	6
＋		7

②
	1	8
＋		6

③
	2	1
＋		9

④
	3	3
＋		8

⑤
	5	6
＋		7

⑥
	6	4
＋		7

⑦
	1	5
＋		6

⑧
	3	7
＋		8

⑨
	2	2
＋		8

⑩
	6	7
＋		7

⑪
	7	3
＋		7

⑫
	1	6
＋		4

⑬
	4	9
＋		5

⑭
	3	4
＋		6

⑮
	5	2
＋		8

⑯
	4	5
＋		7

月　　日 名前

たし算の ひっ算 ⑫

1けた＋2けた（くり上がりあり）

つぎの 計算を しましょう。

①

		2
＋	4	9

②

		1
＋	6	9

③

		3
＋	2	8

④

		7
＋	3	5

⑤

		4
＋	3	8

⑥

		8
＋	2	7

⑦

		7
＋	1	9

⑧

		9
＋	4	4

⑨

		4
＋	2	7

⑩

		8
＋	2	8

⑪

		8
＋	2	4

⑫

		4
＋	6	8

⑬

		6
＋	2	9

⑭

		6
＋	2	6

⑮

		8
＋	5	3

⑯

		9
＋	7	9

まとめテスト　　月　　日 名前

まとめ ⑤

たし算の　ひっ算

／50点

1 つぎの　計算を　しましょう。

（1もん3点／24点）

①
	2	3
＋	4	3

②
	8	6
＋	1	2

③
	1	0
＋	5	8

④
	2	4
＋	4	9

⑤
	5	3
＋	1	9

⑥
	4	3
＋	4	8

⑦
	5	3
＋		5

⑧
		7
＋	6	2

2 つぎの　計算を　ひっ算で　しましょう。

（1もん5点／20点）

① 25＋44　② 72＋18　③ 43＋6　④ 2＋90

3 2年1組は　26人、2年2組は　27人　います。2年生は　みんなで　何人ですか。

（しき3点、答え3点／6点）

しき

答え

まとめテスト　　月　　日 名前

まとめ ⑥

たし算の　ひっ算

50点

1 64＋25の　答えは　89です。33＋56の　答えも　89です。ほかに　答えが　89に　なる しきを　かきましょう。

（1もん5点／30点）

① □4＋2□＝89　② 3□＋□6＝89

③ □3＋□6＝89　④ 4□＋4□＝89

⑤ □□＋□□＝89　⑥ □9＋□□＝89

2 答えが　80より　大きくなる　しきは　どれと　どれですか。

（1もん5点／10点）

㋐ 56＋42　㋑ 44＋13　㋒ 17＋52

㋓ 40＋42　㋔ 20＋56　㋕ 61＋17

（　　）（　　）

3 68円の　グミと、21円の　あめを　買(か)うと　何円に　なりますか。

（しき5点、答え5点／10点）

しき

答え

ひき算の　ひっ算 ①

２けた－２けた（くり下がりなし）

① ２年生の　人数(にんずう)は　68人で、そのうち男の子は　34人です。

女の子は　何人(なんにん)ですか。

しき

68－34＝

答(こた)え　　　　　　人

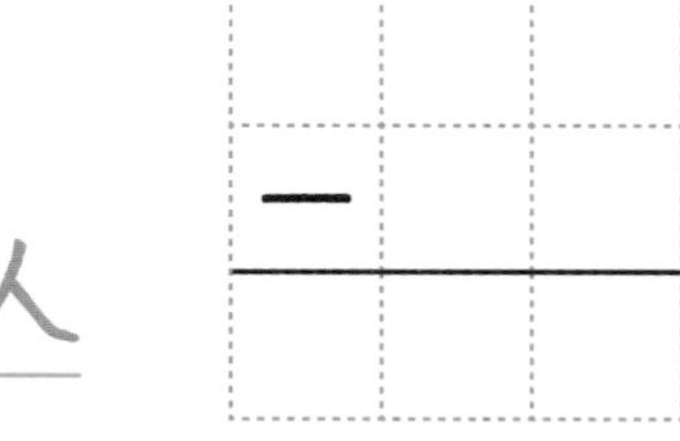

	＋	－
－		

② ひっ算(さん)で　計算(けいさん)しましょう。

① 43－31

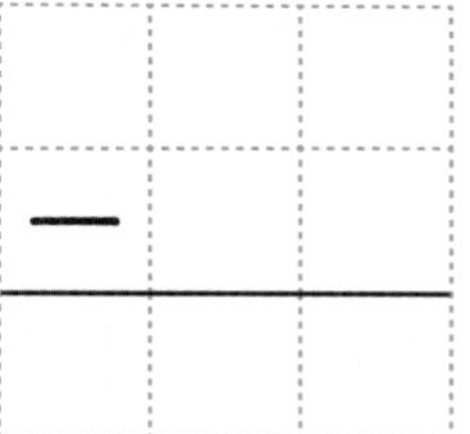

② 64－22

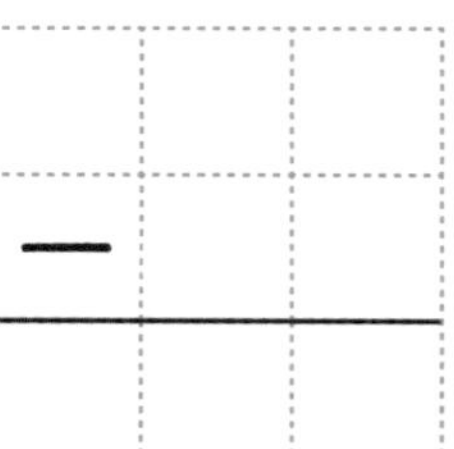

③ 96－60

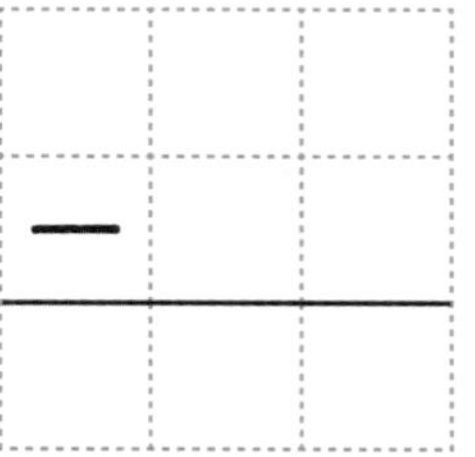

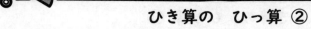

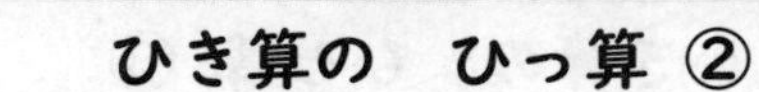

ひき算の　ひっ算 ②

2けた－2けた（くり下がりなし）

つぎの　計算を　しましょう。

①
	6	5
－	5	2

②
	8	7
－	1	5

③
	7	6
－	3	5

④
	6	8
－	4	2

⑤
	7	7
－	1	0

⑥
	3	8
－	2	3

⑦
	9	8
－	4	6

⑧
	5	9
－	3	1

⑨
	8	5
－	5	4

⑩
	9	9
－	3	5

⑪
	9	6
－	2	6

⑫
	9	5
－	7	5

⑬
	5	8
－	1	7

⑭
	5	9
－	2	9

⑮
	2	7
－	1	7

⑯
	9	4
－	2	1

月　　日 名前

ひき算の　ひっ算 ③

2けた－2けた（くり下がりなし）

つぎの　計算(けいさん)を　しましょう。

①
	6	4
－	3	3

②
	4	5
－	2	2

③
	5	9
－	1	8

④
	3	8
－	2	7

⑤
	4	6
－	2	5

⑥
	3	3
－	1	2

⑦
	5	7
－	4	4

⑧
	6	8
－	3	2

⑨
	2	2
－	1	1

⑩
	5	8
－	1	5

⑪
	2	9
－	1	2

⑫
	7	4
－	3	2

⑬
	5	7
－	4	2

⑭
	3	5
－	2	3

⑮
	4	8
－	3	5

⑯
	9	9
－	1	4

月　日 名前

ひき算の　ひっ算 ④

2けた－2けた（くり下がりなし）

つぎの　計算を　しましょう。

①

	9	8
－	9	4

②

	2	5
－	2	3

③

	5	5
－	5	1

④

	4	9
－	4	8

⑤

	4	9
－	4	3

⑥

	1	8
－	1	2

⑦

	3	4
－	3	1

⑧

	5	9
－	5	7

⑨

	2	6
－	2	4

⑩

	6	3
－	6	2

⑪

	4	7
－	4	5

⑫

	1	9
－	1	6

⑬

	8	7
－	8	6

⑭

	7	6
－	7	3

⑮

	6	7
－	6	4

⑯

	6	9
－	6	5

月　　日 名前

ひき算の　ひっ算 ⑤

2けた－1けた（くり下がりなし）

つぎの　計算(けいさん)を　しましょう。

① 64 − 3

② 15 − 2

③ 59 − 8

④ 38 − 7

⑤ 46 − 5

⑥ 33 − 2

⑦ 17 − 4

⑧ 68 − 2

⑨ 22 − 1

⑩ 58 − 5

⑪ 29 − 2

⑫ 74 − 2

⑬ 57 − 2

⑭ 35 − 3

⑮ 48 − 5

⑯ 99 − 4

月　日 名前

ひき算の　ひっ算 ⑥

2けた－1けた（くり下がりなし）

つぎの　計算を　しましょう。

①			②			③			④		
	9	8		2	5		5	5		4	9
－		4	－		3	－		1	－		8

⑤			⑥			⑦			⑧		
	4	9		1	8		3	4		5	9
－		3	－		2	－		1	－		7

⑨			⑩			⑪			⑫		
	2	6		6	3		4	7		1	9
－		4	－		2	－		5	－		6

⑬			⑭			⑮			⑯		
	8	7		7	6		6	7		6	9
－		6	－		3	－		4	－		5

ひき算の　ひっ算 ⑦

２けた－２けた（くり下がりあり）

① バスに　35人　のって　いましたが、ていりゅうじょで　18人　おりました。

まだ　バスに　のって　いる　人は　何人(なんにん)ですか。

しき

35－18＝

答(こた)え　　　　人

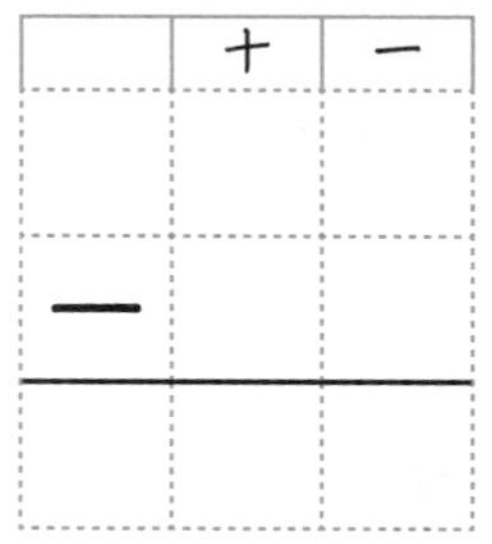

② ひっ算(さん)で　計算(けいさん)しましょう。

① 44－19

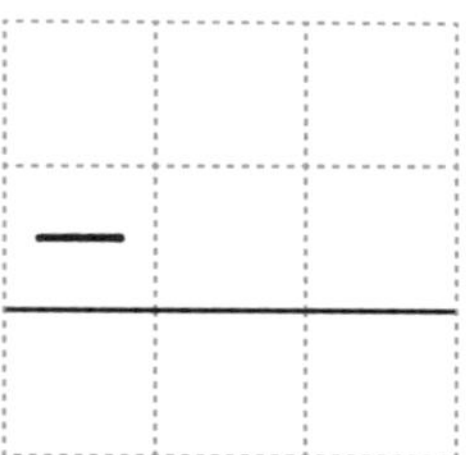

② 50－24

③ 95－68

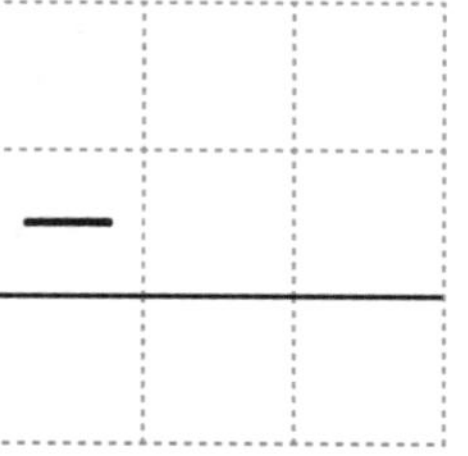

月　　日 名前

ひき算の　ひっ算 ⑧

2けた－2けた（くり下がりあり）

つぎの　計算を　しましょう。

①

	7	0
－	1	3

②

	5	2
－	3	5

③

	6	5
－	2	7

④

	6	2
－	4	3

⑤

	7	1
－	3	3

⑥

	8	3
－	1	8

⑦

	7	2
－	2	7

⑧

	6	6
－	3	8

⑨

	7	6
－	4	7

⑩

	9	7
－	3	9

⑪

	9	6
－	5	9

⑫

	4	0
－	2	7

⑬

	9	5
－	1	9

⑭

	8	4
－	5	6

⑮

	8	0
－	2	9

⑯

	9	8
－	4	9

月　　日 名前

ひき算の　ひっ算 ⑨

2けた－2けた（くり下がりあり）

つぎの　計算(けいさん)を　しましょう。

①			②			③			④		
	4	1		6	7		5	6		4	1
－	1	9	－	1	9	－	2	7	－	2	5

⑤			⑥			⑦			⑧		
	8	1		8	2		5	1		9	6
－	3	2	－	2	9	－	3	3	－	3	8

⑨			⑩			⑪			⑫		
	9	5		6	0		3	8		5	1
－	1	9	－	1	5	－	1	9	－	3	7

⑬			⑭			⑮			⑯		
	7	3		8	0		9	3		8	2
－	2	6	－	3	7	－	5	7	－	2	3

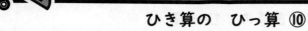

月　日 名前

ひき算の　ひっ算 ⑩

2けた－2けた（くり下がりあり）

つぎの　計算を　しましょう。

①	②	③	④
87	61	62	94
－58	－37	－28	－17

⑤	⑥	⑦	⑧
35	82	74	63
－16	－36	－58	－15

⑨	⑩	⑪	⑫
52	44	53	61
－34	－25	－38	－26

⑬	⑭	⑮	⑯
74	92	56	43
－49	－45	－29	－24

月　日 名前

ひき算の　ひっ算 ⑪

2けた－1けた（くり下がりあり）

つぎの 計算(けいさん)を しましょう。

①
	9	0
−		8

②
	2	2
−		7

③
	9	2
−		4

④
	8	2
−		5

⑤
	8	4
−		6

⑥
	3	1
−		5

⑦
	9	4
−		8

⑧
	7	2
−		3

⑨
	7	3
−		6

⑩
	4	1
−		4

⑪
	2	5
−		6

⑫
	5	8
−		9

⑬
	8	6
−		7

⑭
	5	3
−		6

⑮
	9	7
−		8

⑯
	8	0
−		9

月　　日 名前

ひき算の　ひっ算 ⑫

2けた−1けた（くり下がりあり）

つぎの　計算を　しましょう。

① 87 − 8

② 71 − 4

③ 22 − 9

④ 63 − 4

⑤ 31 − 8

⑥ 24 − 5

⑦ 43 − 9

⑧ 52 − 8

⑨ 57 − 9

⑩ 40 − 1

⑪ 30 − 3

⑫ 64 − 9

⑬ 45 − 9

⑭ 93 − 7

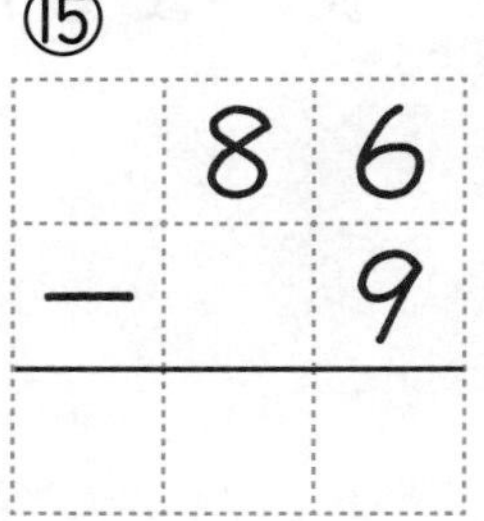

⑮ 86 − 9

⑯ 95 − 7

まとめテスト　　月　　日　名前

まとめ ⑦

ひき算の　ひっ算

① つぎの　計算(けいさん)を　しましょう。

（１もん３点／24点）

① 97 − 64

② 55 − 21

③ 84 − 30

④ 75 − 2

⑤ 35 − 17

⑥ 80 − 29

⑦ 40 − 5

⑧ 22 − 4

② つぎの　計算を　ひっ算で　しましょう。

（１もん５点／20点）

① 84−62

② 99−5

③ 52−25

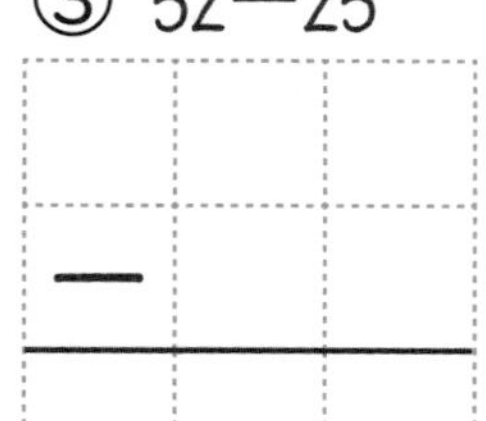

④ 76−8

③ みほさんは　いちごを　52こ　つみました。そのうち　13こ　食(た)べました。のこりは　何(なん)こですか。

（しき３点、答え３点／６点）

しき

答(こた)え

まとめテスト

月　日　名前

まとめ ⑧

ひき算の ひっ算

/50点

1 56−24の 答えは 32です。97−65の 答えも 32です。ほかに 答えが 32に なる しきを かきましょう。

（1もん5点／30点）

① 5□ − □4 ＝32　② □7 − 6□ ＝32

③ □9 − □7 ＝32　④ 6□ − 3□ ＝32

⑤ □□ − □□ ＝32　⑥ □□ − □□ ＝32

2 答えが 40より 小さくなる しきは どれと どれですか。

（1もん5点／10点）

㋐ 65−21　㋑ 67−3　㋒ 36−22

㋓ 57−9　㋔ 40−25　㋕ 82−39

（　　）（　　）

3 なわとびで かおりさんは 63回(かい)、妹(いもうと)の ひかりさんは 28回 とびました。どちらが 何回 多(おお)く とびましたか。

（しき5点、答え5点／10点）

しき

答え

月　　日 名前

長さ ①

長さの　はかり方（cm）

① cm（センチメートル）の　かき方を　れんしゅう　しましょう。

①②③④
cm　c　cm　cm　cm　cm

cm	cm	cm	cm	センチメートル
cm	cm	cm	cm	センチメートル
cm		cm		

cm					cm
cm					cm

② なぞりましょう。

1cm　1センチメートル

2cm　2センチメートル

3cm　3センチメートル

月　日 名前

長さ ②

長さの　はかり方（cm）

1 紙(かみ)の　長(なが)さを　はかります。どの　はかり方が　よいですか。（　）に　ばんごうを　かきましょう。

①
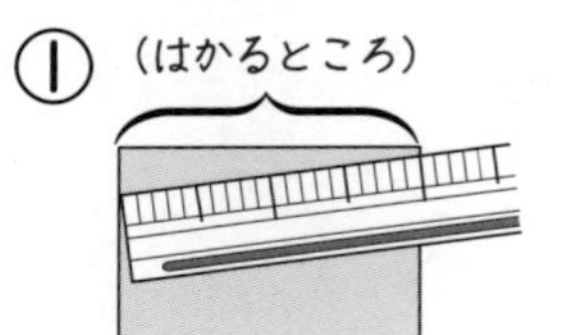

②
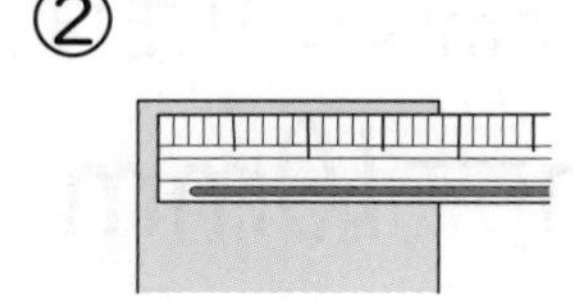

③
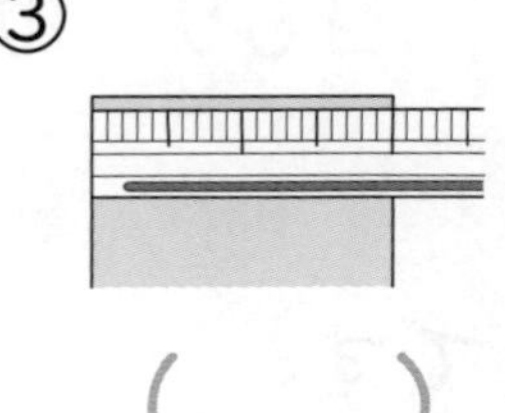

（　　）

2 えんぴつの　長さは　何(なん)cmですか。

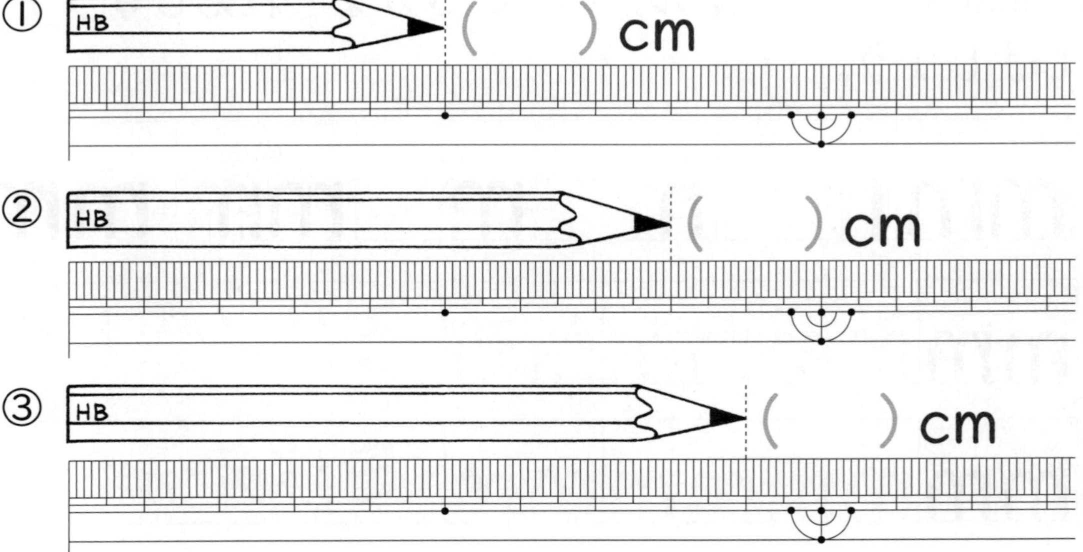

① （　　）cm

② （　　）cm

③ （　　）cm

3 線(せん)の　長さを　はかりましょう。

① ――――――――――――　（　　）cm

② ――――――――――――――――――　（　　）cm

③ ――――――――――――――　（　　）cm

月　　日 名前

長さ ③

長さの　はかり方（mm）

ものさしの　小さな　目もりは　1mmで、1ミリメートルと　読みます。

目もり　10こで　1cmになります。だから

1cm＝10mm

です。

mm（ミリメートル）の　かき方を　れんしゅうしましょう。

mm	① m	② m	③ m	④⑤ mm	⑥ mm

mm	mm	mm	mm	ミリメートル
mm	mm	mm	mm	ミリメートル
mm		mm		

mm					mm
mm					mm

月　日 名前

長さ ④

長さの はかり方（mm）

1 長さ（なが）は いくらですか。（大きな 目もりは 1cm、小さな 目もりは 1mmです。）

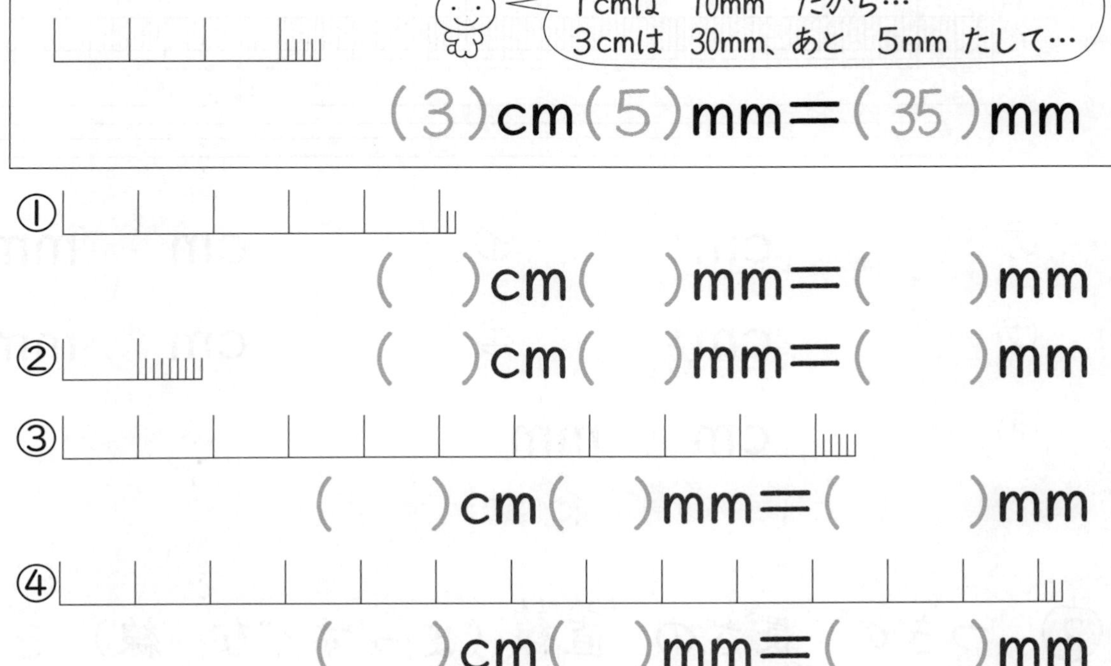

2 えんぴつの 長さを （　）に かきましょう。

① （　）cm（　）mm＝（　）mm

② （　）cm（　）mm＝（　）mm

月　　日 名前

長さ ⑤

長さの　はかり方

1　左の　はしから　㋐、㋑、㋒、㋓、㋔までの　長(なが)さは　それぞれ　どれだけですか。

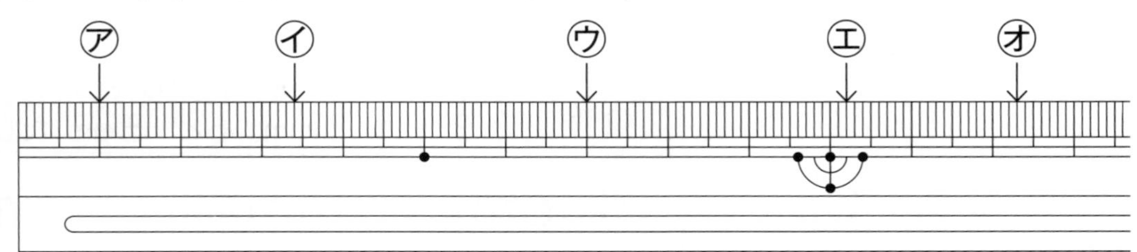

㋐（　　　cm）　㋑（　　　cm　　mm）

㋒（　　　cm）　㋓（　　　cm　　mm）

㋔（　　　cm　　mm）

2　つぎの　長さの　直線(ちょくせん)（まっすぐな　線）を　├┈┈から　引(ひ)きましょう。

①　7cm├┈┈

②　5cm5mm├┈┈

③　12cm├┈┈

④　10cm7mm├┈┈

⑤　82mm├┈┈

月　　日 名前

長さ ⑥

長さの　はかり方

1 長さを　はかりましょう。

① 　　　　　　　　　　(　　　cm)

② 　　　　　　　　　　(　　cm　　mm)

③ 　　　　　　　　　　(　　　　)

④ 　　　　　　　　　　(　　　　)

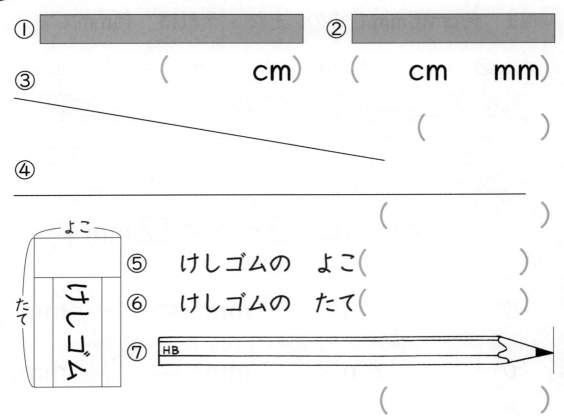

よこ　たて　けしゴム

⑤ けしゴムの　よこ(　　　　　)

⑥ けしゴムの　たて(　　　　　)

⑦ HB

(　　　　)

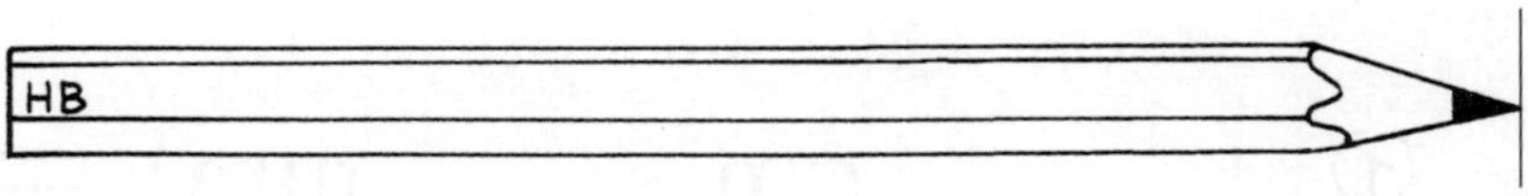

2 キツネくんから　9cm7mmの　ところに　たから ものが　かくされて　います。さて、どこですか。

・から　・まで　線を　引いて　見つけましょう。

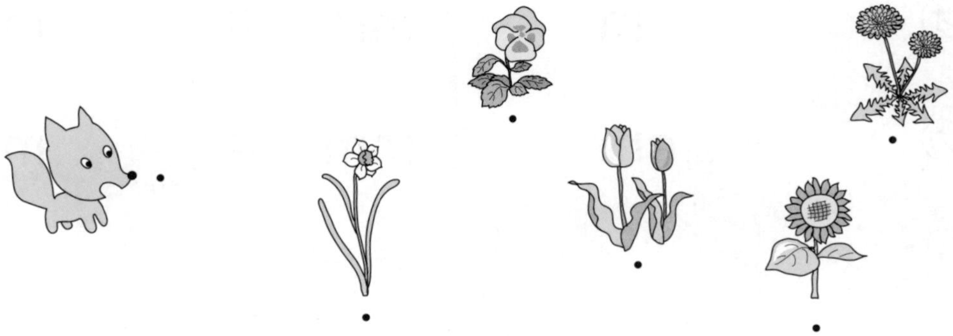

月　　日 名前

長さ ⑦

たんいを　かえる

左はしから　㋐、㋑、㋒、㋓、㋔、㋕までの　長さは　何cm何mmですか。また　それは　何mmですか。

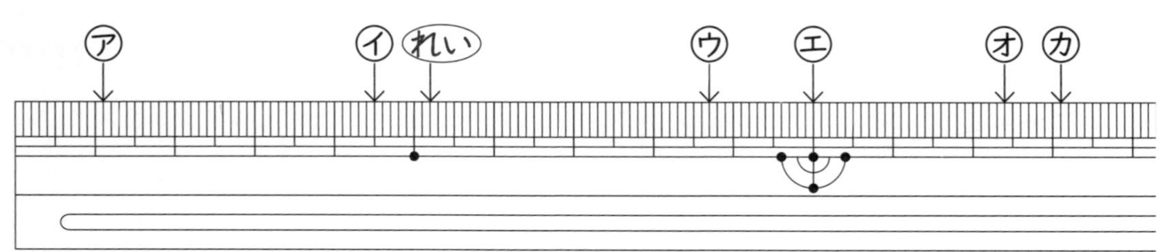

れい 5cm 2mm＝52mm

㋐（　　　cm　　　mm）＝（　　　mm）

㋑（　　　cm　　　mm）＝（　　　mm）

㋒（　　　cm　　　mm）＝（　　　mm）

㋓（　　　cm）＝（　　　mm）

㋔（　　　cm　　　mm）＝（　　　mm）

㋕（　　　cm　　　mm）＝（　　　mm）

月　日 名前

長さ ⑧

たんいを　かえる

1 □に　あてはまる　数(かず)を　かきましょう。

① 1 cm ＝ □ mm　② 7 cm ＝ □ mm

③ 10 cm ＝ □ mm

④ 1 cm 1 mm ＝ □ mm

⑤ 6 cm 8 mm ＝ □ mm

⑥ 10 cm 2 mm ＝ □ mm

2 □に　あてはまる　数を　かきましょう。

① 10 mm ＝ □ cm　② 50 mm ＝ □ cm

③ 39 mm ＝ □ cm □ mm

④ 84 mm ＝ □ cm □ mm

⑤ 100 mm ＝ □ cm

⑥ 125 mm ＝ □ cm □ mm

月　　日 名前

長さ ⑨

長さの　計算

1 長さの　計算を　しましょう。

①

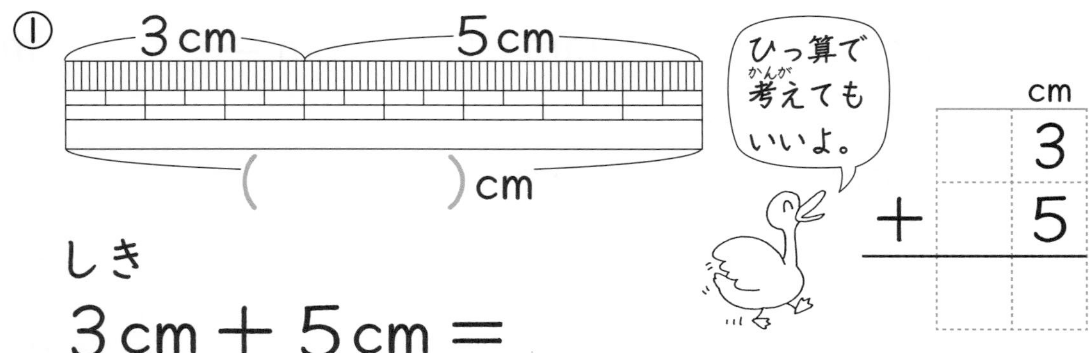

しき

3cm ＋ 5cm ＝

②

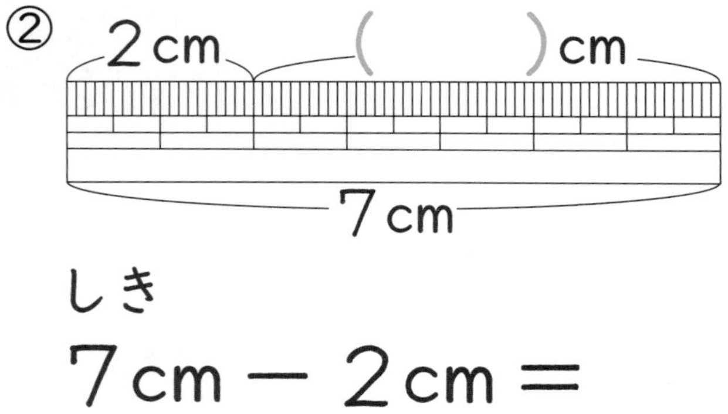

	cm
	7
−	2

しき

7cm − 2cm ＝

2 長さの　計算を　しましょう。

① 5cm ＋ 8cm ＝

② 13cm ＋ 25cm ＝

③ 12cm − 4cm ＝

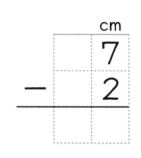

④ 70cm − 9cm ＝

長さ ⑩

長さの 計算

1 長さの 計算を しましょう。

① 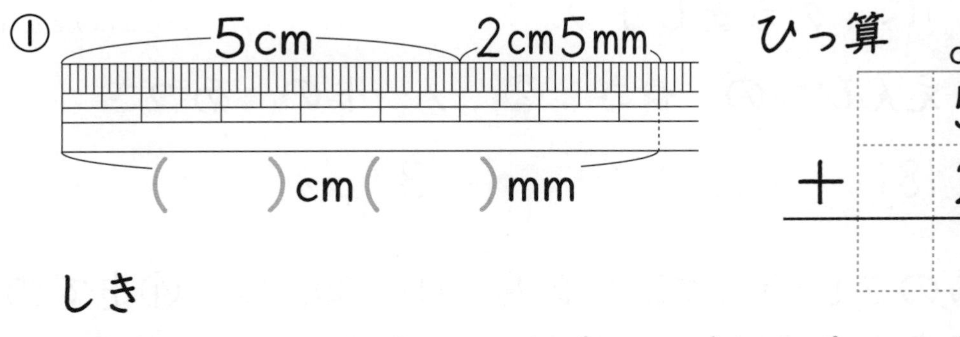

ひっ算

	cm	mm
	5	
＋	2	5

しき

5cm＋2cm5mm＝(　　)cm(　　)mm

② 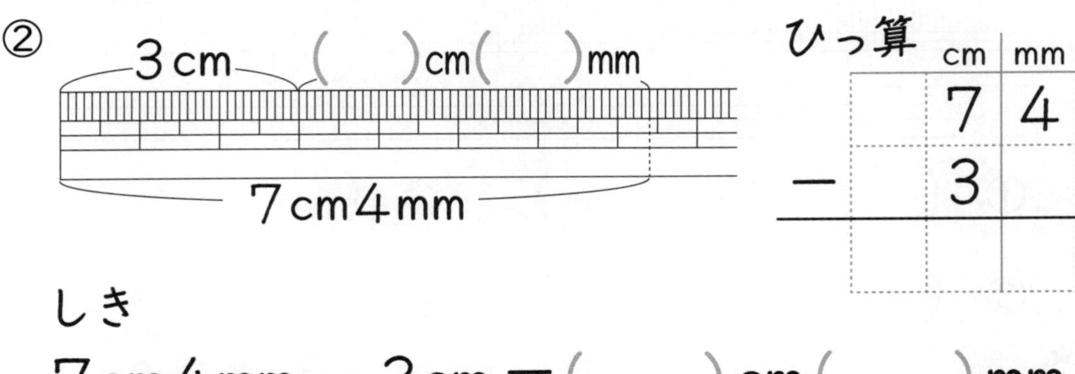

ひっ算

	cm	mm
	7	4
－	3	

しき

7cm4mm－3cm＝(　　)cm(　　)mm

2 長さの 計算を しましょう。

① 10cm5mm＋2mm＝

② 8cm3mm＋6cm4mm＝

③ 6cm7mm－5cm2mm＝

まとめテスト

月　　日 名前

まとめ ⑨

長さ

/50点

1 つぎの ものの 長さ(なが)に あてはまる たんいを
(　　)に かきましょう。(1もん5点／10点)

① えんぴつの 長さ　② ノートの あつさ

18(　　　　)　　3(　　　　)

2 ものさしの 左はしから ①、②、③、④までの
長さを かきましょう。(1もん5点／20点)

①(　　　　)　②(　　　　)

③(　　　　)　④(　　　　)

3 つぎの テープの 長さを かきましょう。(1もん5点／20点)

①(　　　　)　②(　　　　)

③(　　　　)

④(　　　　)

まとめテスト　　月　　日 名前

まとめ ⑩

長さ

/50点

1 つぎの　長さの　たんいを　かえましょう。

（1もん5点／20点）

① 7cm＝(　　mm)　② 80mm＝(　　cm)

③ 60mm＝(　　cm)　④ 3cm 1mm＝(　　mm)

2 つぎの　計算(けいさん)を　しましょう。（1もん4点／20点）

① 2cm＋6cm＝

② 9cm－5cm＝

③ 4cm 2mm＋3cm 6mm＝

④ 8cm 7mm－5cm 3mm＝

⑤ 7cm－2cm 4mm＝

3 トランプの　たての　長さは　8cm8mm、よこの　長さは　6cm3mmでした。（1もん5点／10点）

① たて、よこ　あわせた　長さを　計算　しましょう。

しき

答(こた)え

② たて、よこの　長さの　ちがいを　計算　しましょう。

しき

答え

月　　日 名前

1000までの　数 ①

数の　せいしつ

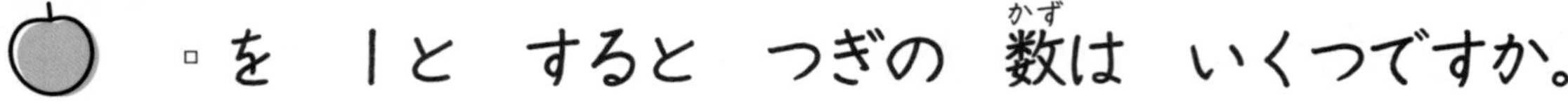

▫を　1と　すると　つぎの　数(かず)は　いくつですか。

百のくらい		十のくらい	一のくらい
百のタイルが （　　　）こ		十のタイルが （　　　）こ	一のタイルが （　　　）こ
かん字で かくと	きゅうひゃく （　　　）	はちじゅう （　　　）	に （　　　）
数字(すうじ)で かくと			

月　　日 名前

1000までの 数 ②

数の せいしつ

1 つぎの 数(かず)を 数字で かきましょう。

① 100を 2こと、10を 8こと、1を 5こ あわせた 数。

② 100を 8こと、10を 3こ あわせた 数。

③ 100を 5こと、1を 7こ あわせた 数。

2 つぎの 数は いくつですか。

① 10を 42こ あつめた 数。 (　　　　)

② 10を 98こ あつめた 数。 (　　　　)

③ 430は 10を (　　　　)こ あつめた 数。

④ 300は 10を (　　　　)こ あつめた 数。また、100を (　　　　)こ あつめた 数。

⑤ 700は 100を (　　　　)こ あつめた 数。

⑥ 1000は 100を (　　　　)こ あつめた 数。

月　　日 名前

1000までの　数 ③

数の　せいしつ

1 どちらの　数(かず)が　大きいですか。大きい　方(ほう)を　かきましょう。

① 495、519

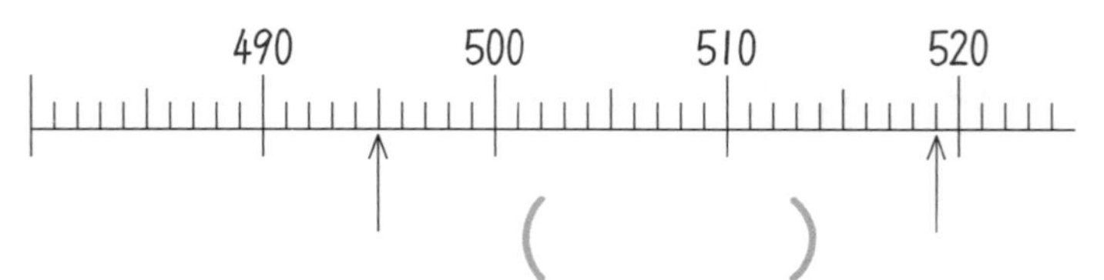

（　　　　）

百	十	一
4	9	5
5	1	9

② 234、324

百	十	一

（　　　　）

③ 534、531

百	十	一

（　　　　）

④ 406、460

百	十	一

（　　　　）

⑤ 801、799

百	十	一

（　　　　）

2 つぎの　数を　線(せん)に　↑で　かきましょう。

670　680　690　700　710　720　730

677、692、704、713、728

月　　日 名前

1000までの　数 ④

数の　せいしつ

1 □に　あてはまる　数を　かきましょう。

①
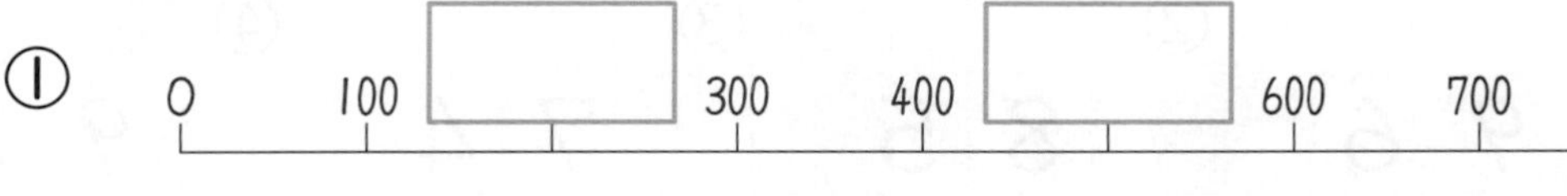

②
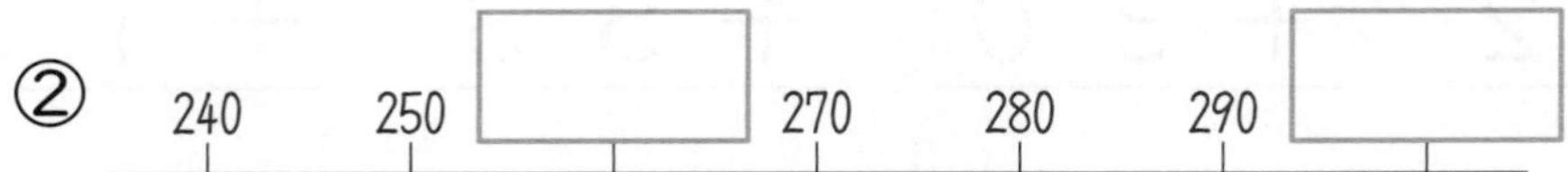

③
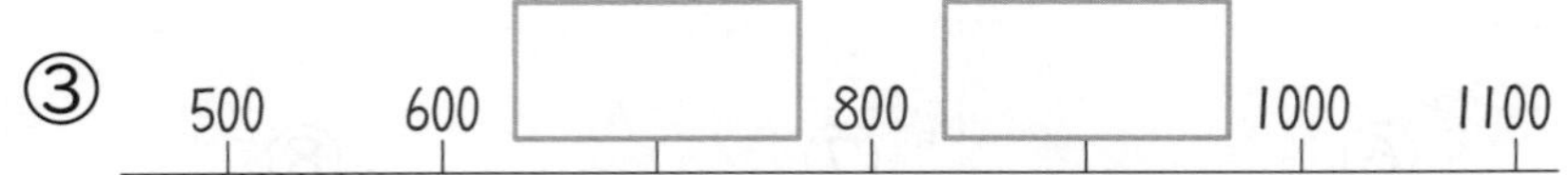

④ □ ― 360 ― 370 ― □ ― 390

⑤ 885 ― 890 ― □ ― 900 ― □

⑥ □ ― 994 ― 996 ― □ ― 1000

2 つぎの　数を　かきましょう。

① 899より　1　大きい　数。（　　　）

② 300より　1　小さい　数。（　　　）

③ 1000より　1　小さい　数。（　　　）

④ 990より　10　大きい　数。（　　　）

月　　日 名前

たし算の　ひっ算 ⑬

2けた＋2けた（くり上がり1回）

つぎの　計算(けいさん)を　しましょう。

① 96 ＋ 22

② 85 ＋ 30

③ 74 ＋ 53

④ 95 ＋ 13

⑤ 98 ＋ 50

⑥ 38 ＋ 71

⑦ 10 ＋ 97

⑧ 52 ＋ 51

⑨ 54 ＋ 92

⑩ 80 ＋ 21

⑪ 43 ＋ 66

⑫ 42 ＋ 75

⑬ 61 ＋ 40

⑭ 22 ＋ 87

⑮ 93 ＋ 35

⑯ 76 ＋ 43

月　日 名前

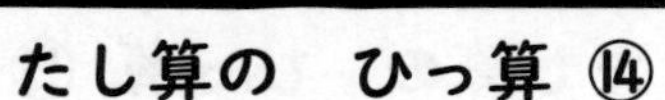

2けた＋2けた（くり上がり2回）

つぎの　計算を　しましょう。

① $\begin{array}{r} 35 \\ +\ 95 \\ \hline \end{array}$

② $\begin{array}{r} 48 \\ +\ 76 \\ \hline \end{array}$

③ $\begin{array}{r} 34 \\ +\ 87 \\ \hline \end{array}$

④ $\begin{array}{r} 95 \\ +\ 26 \\ \hline \end{array}$

⑤ $\begin{array}{r} 29 \\ +\ 92 \\ \hline \end{array}$

⑥ $\begin{array}{r} 86 \\ +\ 26 \\ \hline \end{array}$

⑦ $\begin{array}{r} 65 \\ +\ 67 \\ \hline \end{array}$

⑧ $\begin{array}{r} 77 \\ +\ 85 \\ \hline \end{array}$

⑨ $\begin{array}{r} 74 \\ +\ 36 \\ \hline \end{array}$

⑩ $\begin{array}{r} 59 \\ +\ 65 \\ \hline \end{array}$

⑪ $\begin{array}{r} 98 \\ +\ 34 \\ \hline \end{array}$

⑫ $\begin{array}{r} 56 \\ +\ 78 \\ \hline \end{array}$

⑬ $\begin{array}{r} 25 \\ +\ 88 \\ \hline \end{array}$

⑭ $\begin{array}{r} 48 \\ +\ 84 \\ \hline \end{array}$

⑮ $\begin{array}{r} 87 \\ +\ 76 \\ \hline \end{array}$

⑯ $\begin{array}{r} 27 \\ +\ 94 \\ \hline \end{array}$

月　日 名前

たし算の　ひっ算 ⑮

2けた＋2けた（くり上がり2回）

つぎの　計算(けいさん)を　しましょう。

①
$$\begin{array}{r} 49 \\ +77 \\ \hline \end{array}$$

②
$$\begin{array}{r} 37 \\ +97 \\ \hline \end{array}$$

③
$$\begin{array}{r} 57 \\ +85 \\ \hline \end{array}$$

④
$$\begin{array}{r} 87 \\ +73 \\ \hline \end{array}$$

⑤
$$\begin{array}{r} 33 \\ +88 \\ \hline \end{array}$$

⑥
$$\begin{array}{r} 99 \\ +31 \\ \hline \end{array}$$

⑦
$$\begin{array}{r} 45 \\ +99 \\ \hline \end{array}$$

⑧
$$\begin{array}{r} 79 \\ +41 \\ \hline \end{array}$$

⑨
$$\begin{array}{r} 99 \\ +85 \\ \hline \end{array}$$

⑩
$$\begin{array}{r} 66 \\ +47 \\ \hline \end{array}$$

⑪
$$\begin{array}{r} 67 \\ +98 \\ \hline \end{array}$$

⑫
$$\begin{array}{r} 95 \\ +55 \\ \hline \end{array}$$

⑬
$$\begin{array}{r} 26 \\ +88 \\ \hline \end{array}$$

⑭
$$\begin{array}{r} 45 \\ +86 \\ \hline \end{array}$$

⑮
$$\begin{array}{r} 88 \\ +95 \\ \hline \end{array}$$

⑯
$$\begin{array}{r} 78 \\ +93 \\ \hline \end{array}$$

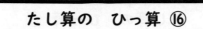

月　　日 名前

たし算の　ひっ算 ⑯

2けた＋2けた（くりくり上がり）

つぎの　計算を　しましょう。

① $\begin{array}{r} 54 \\ +47 \\ \hline \end{array}$

② $\begin{array}{r} 27 \\ +73 \\ \hline \end{array}$

③ $\begin{array}{r} 56 \\ +48 \\ \hline \end{array}$

④ $\begin{array}{r} 75 \\ +28 \\ \hline \end{array}$

⑤ $\begin{array}{r} 35 \\ +66 \\ \hline \end{array}$

⑥ $\begin{array}{r} 43 \\ +59 \\ \hline \end{array}$

⑦ $\begin{array}{r} 89 \\ +16 \\ \hline \end{array}$

⑧ $\begin{array}{r} 17 \\ +88 \\ \hline \end{array}$

⑨ $\begin{array}{r} 67 \\ +35 \\ \hline \end{array}$

⑩ $\begin{array}{r} 48 \\ +58 \\ \hline \end{array}$

⑪ $\begin{array}{r} 24 \\ +77 \\ \hline \end{array}$

⑫ $\begin{array}{r} 59 \\ +46 \\ \hline \end{array}$

⑬ $\begin{array}{r} 64 \\ +36 \\ \hline \end{array}$

⑭ $\begin{array}{r} 46 \\ +54 \\ \hline \end{array}$

⑮ $\begin{array}{r} 56 \\ +44 \\ \hline \end{array}$

⑯ $\begin{array}{r} 29 \\ +71 \\ \hline \end{array}$

月　　日 名前

たし算の　ひっ算 ⑰

2けた＋1けた（くりくり上がり）

つぎの　計算(けいさん)を　しましょう。

① 95 + 6

② 93 + 9

③ 96 + 5

④ 99 + 6

⑤ 94 + 6

⑥ 97 + 3

⑦ 92 + 8

⑧ 95 + 5

⑨ 7 + 94

⑩ 3 + 98

⑪ 5 + 96

⑫ 7 + 98

⑬ 4 + 96

⑭ 5 + 95

⑮ 8 + 92

⑯ 7 + 93

月　　日 名前

たし算の　ひっ算 ⑱

3けたの　たし算

 つぎの　計算を　しましょう。

①

	4	3	2
＋		4	5

②

	1	6	7
＋		3	1

③

	2	1	5
＋		6	3

④

	3	4	6
＋		2	3

⑤

	2	3	1
＋		5	6

⑥

	3	3	4
＋		2	1

⑦

	4	2	7
＋			2

⑧

	5	0	2
＋			5

⑨

	3	5	4
＋			3

⑩

	2	4	8
＋			5

⑪

	3	5	9
＋			7

⑫

	4	0	7
＋			7

まとめテスト

月　　日 名前

まとめ ⑪

たし算の　ひっ算

① つぎの　計算を　しましょう。

（1もん5点／30点）

①

	1	4
＋	3	5

②

	4	3
＋	2	6

③

	7	7
＋	4	8

④

	4	3
＋	2	9

⑤

	3	5
＋	6	5

⑥

	4	8
＋	8	7

② 1組は　29人、2組は　32人　います。あわせると　何人ですか。

（しき5点、答え5点／10点）

しき

答え

③ 1こ　70円の　チョコレートと　43円の　あめを　買いました。だい金は　いくらですか。

（しき5点、答え5点／10点）

しき

答え

まとめテスト　月　日 名前

まとめ ⑫

たし算の　ひっ算

50点

1 つぎの　計算を　しましょう。

（1もん5点／40点）

①

	2	0
＋	9	6

②

	6	9
＋	7	4

③

	2	5
＋	9	6

④

	4	8
＋	7	4

⑤

	8	6
＋	1	7

⑥

	9	4
＋		6

⑦

	6	6	2
＋		1	7

⑧

	5	0	7
＋			3

2 みちるさんは　55円の　けしゴムと　88円の

ノートを　買いました。　だい金は　いくらですか。

（しき5点、答え5点／10点）

しき

答え

月　日 名前

ひき算の　ひっ算 ⑬

3けた－2けた（くり下がり1回）

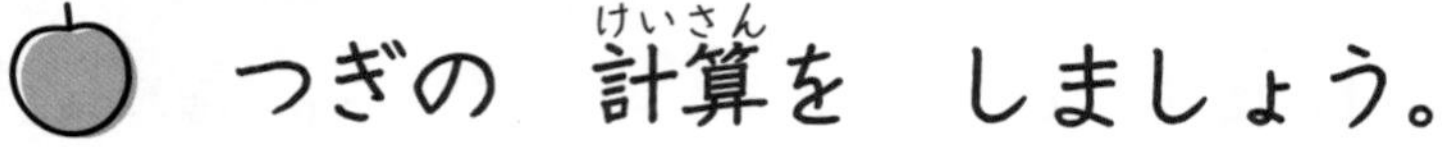

つぎの　計算（けいさん）を　しましょう。

①

	1	4	7
－		9	4

②

	1	1	5
－		4	3

③

	1	3	9
－		9	7

④

	1	6	3
－		9	2

⑤

	1	5	4
－		8	4

⑥

	1	3	5
－		6	1

⑦

	1	2	8
－		8	4

⑧

	1	1	6
－		9	5

⑨

	1	7	9
－		9	7

⑩

	1	0	7
－		4	5

⑪

	1	0	6
－		7	4

⑫

	1	0	8
－		9	7

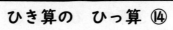

月　日 名前

ひき算の　ひっ算 ⑭

3けた−2けた（くり下がり2回）

つぎの　計算を　しましょう。

①

	1	1	1
−		4	6

②

	1	3	3
−		5	5

③

	1	1	6
−		5	8

④

	1	5	1
−		7	8

⑤

	1	2	0
−		5	5

⑥

	1	4	5
−		6	6

⑦

	1	2	8
−		6	9

⑧

	1	1	2
−		3	9

⑨

	1	6	3
−		7	6

⑩

	1	3	4
−		3	8

⑪

	1	5	7
−		5	9

⑫

	1	4	1
−		4	6

月　　日 名前

ひき算の　ひっ算 ⑮

3けた－2けた（くり下がり2回）

つぎの　計算(けいさん)を　しましょう。

①

	1	5	0
－		7	7

②

	1	4	1
－		9	7

③

	1	3	5
－		4	8

④

	1	2	6
－		3	9

⑤

	1	3	8
－		4	9

⑥

	1	6	5
－		6	8

⑦

	1	6	4
－		8	5

⑧

	1	9	2
－		9	3

⑨

	1	7	3
－		8	8

⑩

	1	8	0
－		8	9

⑪

	1	1	4
－		1	7

⑫

	1	2	0
－		2	6

月　　日 名前

ひき算の　ひっ算 ⑯

３けた－２けた（くりくり下がり）

つぎの　計算を　しましょう。

①

	1	0	4
－		2	7

②

	1	0	1
－		3	9

③

	1	0	3
－		7	6

④

	1	0	6
－		8	7

⑤

	1	0	2
－		8	3

⑥

	1	0	5
－		3	8

⑦

	1	0	0
－		7	7

⑧

	1	0	3
－		4	6

⑨

	1	0	5
－		5	9

⑩

	1	0	4
－		3	8

⑪

	1	0	7
－		6	9

⑫

	1	0	6
－		4	7

月　　日 名前

ひき算の　ひっ算 ⑰

3けた－1けた（くりくり下がり）

つぎの　計算（けいさん）を　しましょう。

①

	1	0	4
－			7

②

	1	0	1
－			9

③

	1	0	3
－			7

④

	1	0	6
－			7

⑤

	1	0	2
－			3

⑥

	1	0	5
－			8

⑦

	1	0	0
－			7

⑧

	1	0	3
－			6

⑨

	1	0	5
－			9

⑩

	1	0	4
－			8

⑪

	1	0	7
－			9

⑫

	1	0	6
－			8

月　　日 名前

ひき算の　ひっ算 ⑱

3けたの　ひき算

つぎの　計算を　しましょう。

①

	8	3	7
−		2	5

②

	4	3	6
−		3	1

③

	5	7	8
−		4	4

④

	6	5	9
−		3	8

⑤

	7	4	9
−		2	3

⑥

	6	5	3
−		4	0

⑦

	5	3	7
−			4

⑧

	3	6	8
−			5

⑨

	4	1	9
−			7

⑩

	2	6	3
−			8

⑪

	3	4	6
−			9

⑫

	4	2	1
−			7

まとめテスト　　月　　日 名前

まとめ ⑬

ひき算の　ひっ算

1 つぎの　計算(けいさん)を　しましょう。

（1もん5点／30点）

①

	1	4	9
−		8	1

②

	1	5	1
−		7	2

③

	1	4	3
−		8	6

④

	1	0	7
−		7	4

⑤

	1	0	3
−		8	7

⑥

	1	0	0
−			7

2 63円の　はがきを　買(か)って　100円を　出しました。おつりは　何円(なんえん)ですか。

（しき5点、答え5点／10点）

しき

答(こた)え

3 色紙(いろがみ)が　110まい　あります。　このうち　45まい　つかいました。のこりは　何まいですか。

（しき5点、答え5点／10点）

しき

答え

まとめテスト

月　　日 名前

まとめ ⑭

ひき算の　ひっ算

／50点

① つぎの　計算を　しましょう。

（１もん４点／36点）

①

	1	4	4
－		9	1

②

	1	1	0
－		5	0

③

	1	7	0
－		8	6

④

	1	8	1
－		9	6

⑤

	1	0	2
－		5	7

⑥

	1	0	8
－		8	9

⑦

	7	6	5
－			6

⑧

	4	4	4
－		3	3

⑨

	6	1	0
－			6

② まさゆきさんは　ビー玉を　105こ　もって

います。弟（おとうと）に　27こ　あげました。

ビー玉は　何こ　のこりますか。

（しき７点、答え７点／14点）

しき

答え

月　　日 名前

かけ算九九 ①

かけ算の　いみ

● みかん、魚(さかな)、おにぎりは　それぞれ　いくつ　ありますか。

	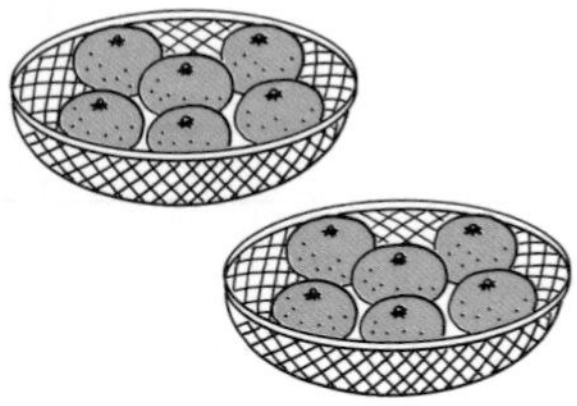	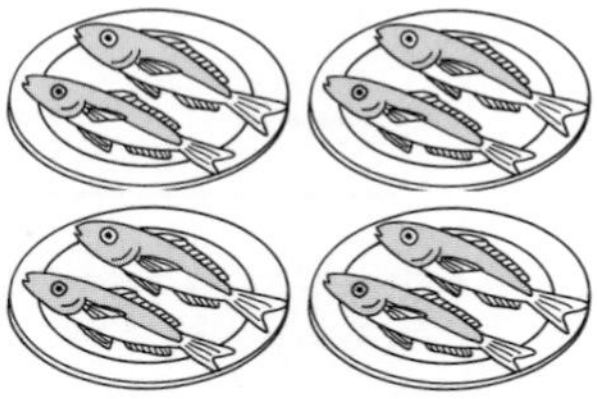	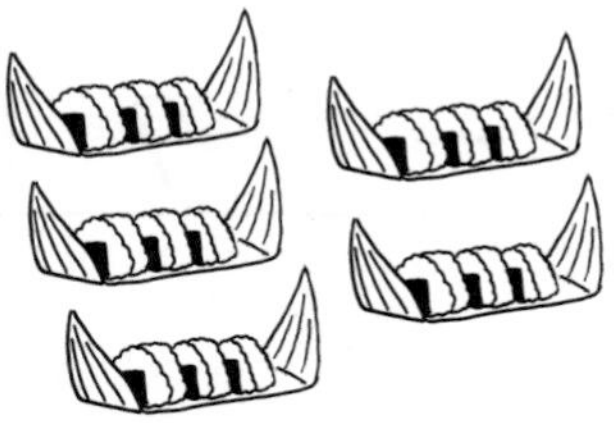
タイルの図(ず)	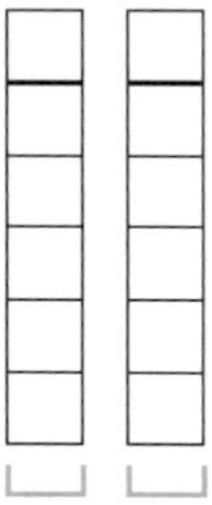	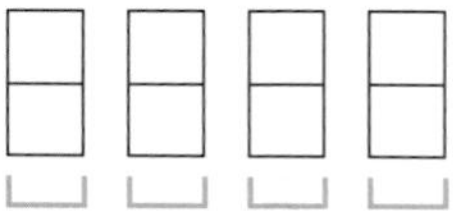	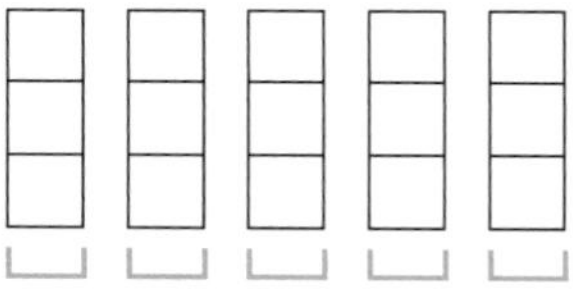
しき	① 6×2	③ 2×4	⑤ 3×5
答(こた)え	②	④	⑥

月　　日　名前

かけ算九九 ②

かけ算の　いみ

かけ算で　あらわしましょう。

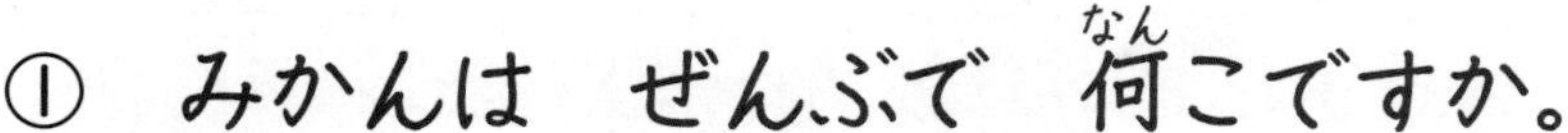

① みかんは　ぜんぶで　何こですか。

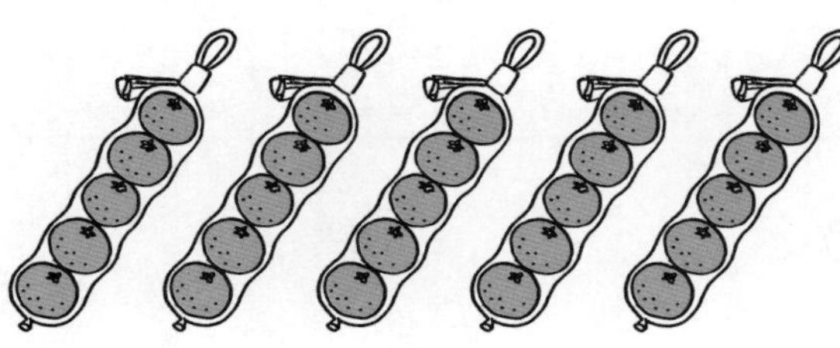

1ふくろ □ こずつ □ ふくろ分で □ こ

しき □ × □ ＝ □

② ドーナツは　ぜんぶで　何こですか。

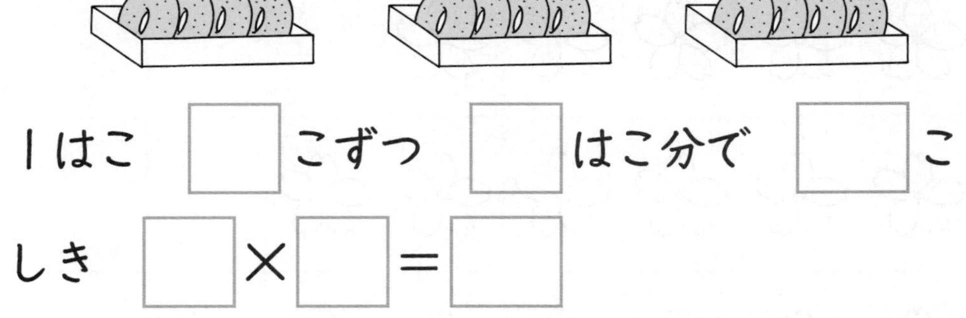

1はこ □ こずつ □ はこ分で □ こ

しき □ × □ ＝ □

③ いちごは　ぜんぶで　何こですか。

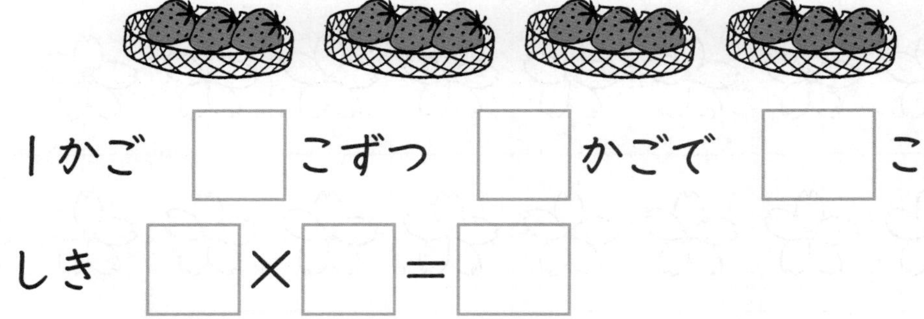

1かご □ こずつ □ かごで □ こ

しき □ × □ ＝ □

月　日 名前

かけ算九九 ③

5のだん

花びらは　何(なん)まいですか。

タイルの絵（色をぬりましょう）	1あたりの数	いくつ分	ぜんぶの数	しきと答え
	5	1	5	5×1＝5（ご いち が ご）
	5	2	10	5×2＝10（ご に じゅう）
	5	3	15	5×3＝15（ご さん じゅうご）
				5×4＝（ご し にじゅう）
				5×5＝（ご ご にじゅうご）
				5×6＝（ご ろく さんじゅう）
				5×7＝（ご しち さんじゅうご）
				5×8＝（ご は しじゅう）
				5×9＝（ごっ く しじゅうご）

かけ算九九 ④

5のだん

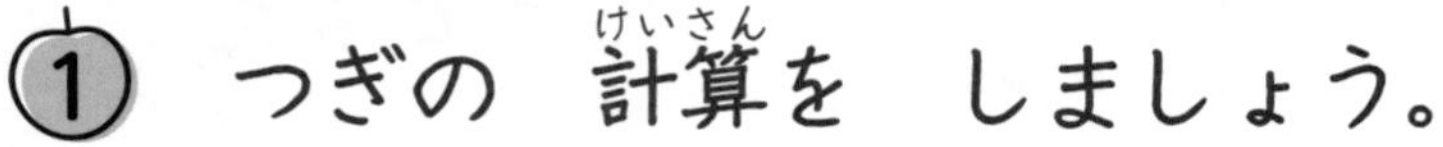

1 つぎの　計算(けいさん)を　しましょう。

① $5 \times 2 =$ □　　② $5 \times 4 =$ □

③ $5 \times 6 =$ □　　④ $5 \times 1 =$ □

⑤ $5 \times 8 =$ □　　⑥ $5 \times 3 =$ □

⑦ $5 \times 5 =$ □　　⑧ $5 \times 9 =$ □

⑨ $5 \times 7 =$ □

2 つぎの　計算を　しましょう。

① $5 \times 6 =$ □　　② $5 \times 2 =$ □

③ $5 \times 7 =$ □　　④ $5 \times 9 =$ □

⑤ $5 \times 3 =$ □　　⑥ $5 \times 8 =$ □

⑦ $5 \times 5 =$ □　　⑧ $5 \times 4 =$ □

⑨ $5 \times 1 =$ □

月　　日 名前

かけ算九九 ⑤

5のだん

① みかんが　１ふくろに　５こずつ　入っています。６ふくろでは、何こに　なりますか。

しき

答え ＿＿＿＿＿＿

② 毎日　ごはんを　５はい　食べます。７日間では、何ばいに　なりますか。

しき

答え ＿＿＿＿＿＿

③ なすを　１かごに　５本ずつ　のせます。５つの　かごでは、何本に　なりますか。

しき

答え ＿＿＿＿＿＿

④ せんべいを　８まい　買いました。１まい　５円でした。何円　はらいましたか。

しき

答え ＿＿＿＿＿＿

月　　日 名前

かけ算九九 ⑥

2のだん

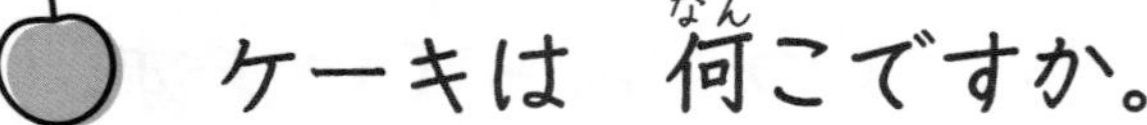

ケーキは 何(なん)こですか。

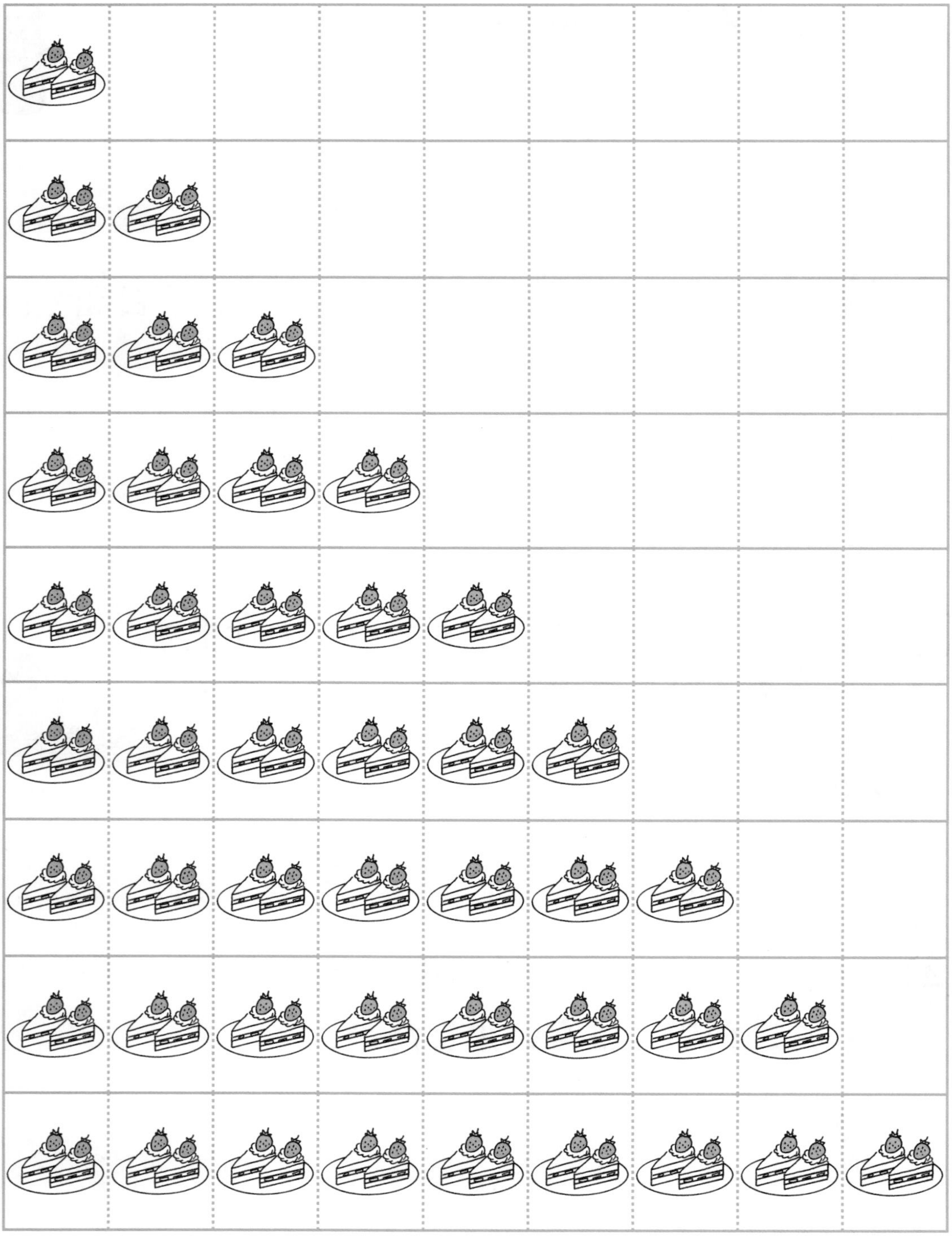

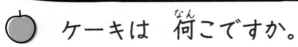

タイルの絵（え） （色（いろ）をぬりましょう）	1あたりの数（かず）	いくつ分（ぶん）	ぜんぶの数	しきと答（こた）え
□	2	1	2	に いち が に 2×1＝2
□ □	2	2	4	に にん が し 2×2＝4
□ □ □				に さん が ろく 2×3＝
□ □ □ □				に し が はち 2×4＝
□ □ □ □ □				に ご じゅう 2×5＝
□ □ □ □ □ □				に ろく じゅうに 2×6＝
□ □ □ □ □ □ □				に しち じゅうし 2×7＝
□ □ □ □ □ □ □ □				に はち じゅうろく 2×8＝
□ □ □ □ □ □ □ □ □				に く じゅうはち 2×9＝

月　　日　名前

かけ算九九 ⑦

2のだん

1 つぎの　計算（けいさん）を　しましょう。

① $2 \times 4 =$ □　　② $2 \times 8 =$ □

③ $2 \times 3 =$ □　　④ $2 \times 1 =$ □

⑤ $2 \times 9 =$ □　　⑥ $2 \times 5 =$ □

⑦ $2 \times 2 =$ □　　⑧ $2 \times 7 =$ □

⑨ $2 \times 6 =$ □

2 つぎの　計算を　しましょう。

① $2 \times 3 =$ □　　② $2 \times 1 =$ □

③ $2 \times 5 =$ □　　④ $2 \times 7 =$ □

⑤ $2 \times 9 =$ □　　⑥ $2 \times 2 =$ □

⑦ $2 \times 4 =$ □　　⑧ $2 \times 6 =$ □

⑨ $2 \times 8 =$ □

かけ算九九 ⑧

2のだん

① ドーナツを　１さらに　２こずつ　のせます。
４さらでは　何(なん)こに　なりますか。

しき

答(こた)え

② バナナを　１さらに　２本ずつ　のせます。
８さらでは　何本に　なりますか。

しき

答え

③ うさぎの　耳は、１ぴきあたり　２本です。
９ひきでは　何本に　なりますか。

しき

答え

④ クレヨンを　５人に　くばります。
１人に　２本ずつ　くばると　何本　いりますか。

しき

答え

月　　日 名前

かけ算九九 ⑨

3のだん

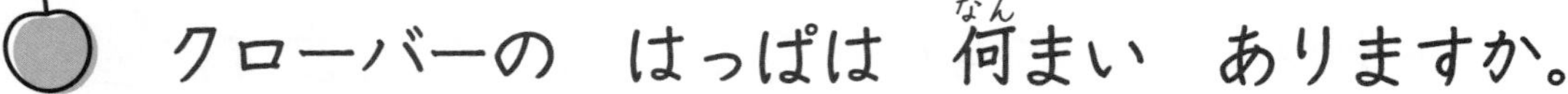

クローバーの　はっぱは　何まい　ありますか。

タイルの絵（色をぬりましょう）	1あたりの数	いくつ分	ぜんぶの数	しきと答え
				さん　いち　が　さん 3×1＝
				さん　に　が　ろく 3×2＝
				さ　ざん　が　きゅう 3×3＝
				さん　し　じゅうに 3×4＝
				さん　ご　じゅうご 3×5＝
				さぶ　ろく　じゅうはち 3×6＝
				さん　しち　にじゅういち 3×7＝
				さん　ぱ　にじゅうし 3×8＝
				さん　く　にじゅうしち 3×9＝

月　　日 名前

かけ算九九 ⑩
3のだん

1 つぎの　計算(けいさん)を　しましょう。

① $3 \times 3 =$ □　　② $3 \times 9 =$ □

③ $3 \times 6 =$ □　　④ $3 \times 2 =$ □

⑤ $3 \times 5 =$ □　　⑥ $3 \times 8 =$ □

⑦ $3 \times 4 =$ □　　⑧ $3 \times 1 =$ □

⑨ $3 \times 7 =$ □

2 つぎの　計算を　しましょう。

① $3 \times 6 =$ □　　② $3 \times 5 =$ □

③ $3 \times 3 =$ □　　④ $3 \times 8 =$ □

⑤ $3 \times 1 =$ □　　⑥ $3 \times 7 =$ □

⑦ $3 \times 9 =$ □　　⑧ $3 \times 2 =$ □

⑨ $3 \times 4 =$ □

月　　日 名前

かけ算九九 ⑪
３のだん

① きゅうりを　１ふくろに　３本ずつ　入れます。
４ふくろでは　何本（なんぼん）に　なりますか。

しき

答え（こたえ）

② バナナを　１さらに　３本ずつ　のせます。
８さらでは　何本に　なりますか。

しき

答え

③ 三りん車には　１台（だい）に　３こずつ　タイヤが
ついています。５台分（ぶん）では　何こに　なりますか。

しき

答え

④ 子どもが　６人　います。キャラメルを　１人に
３こずつ　くばります。ぜんぶで　何こ　いりますか。

しき

答え

月　日 名前

かけ算九九 ⑫

4のだん

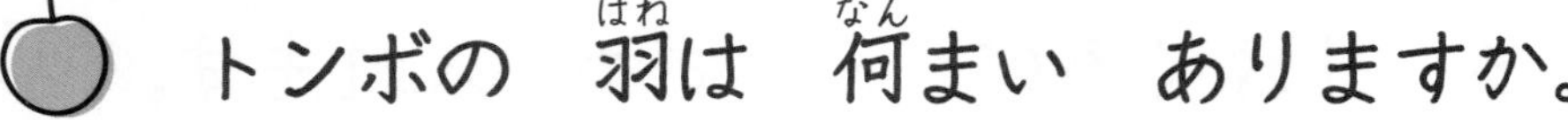

トンボの 羽(はね)は 何(なん)まい ありますか。

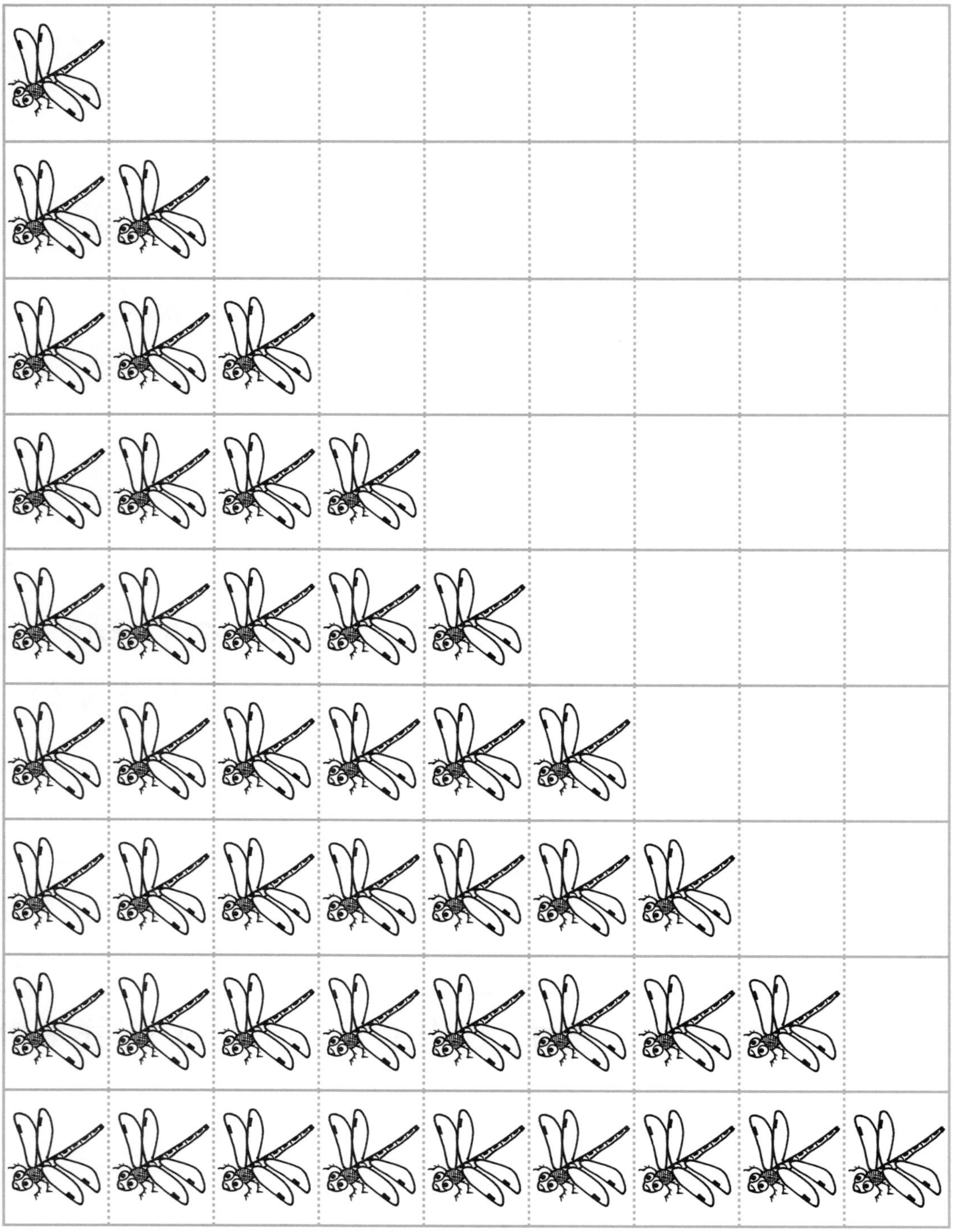

タイルの絵(え) （色(いろ)をぬりましょう）	1あたりの数(かず)	いくつ分(ぶん)	ぜんぶの数	しきと答(こた)え
				し　いちが　し 4×1＝
				し　にが　はち 4×2＝
				し　さん　じゅうに 4×3＝
				し　し　じゅうろく 4×4＝
				し　ご　にじゅう 4×5＝
				し　ろく　にじゅうし 4×6＝
				し　しち　にじゅうはち 4×7＝
				し　は　さんじゅうに 4×8＝
				し　く　さんじゅうろく 4×9＝

月　　日 名前

かけ算九九 ⑬

4のだん

① つぎの 計算(けいさん)を しましょう。

① $4 \times 9 =$ □　　② $4 \times 6 =$ □

③ $4 \times 8 =$ □　　④ $4 \times 5 =$ □

⑤ $4 \times 3 =$ □　　⑥ $4 \times 7 =$ □

⑦ $4 \times 4 =$ □　　⑧ $4 \times 1 =$ □

⑨ $4 \times 2 =$ □

② つぎの 計算を しましょう。

① $4 \times 1 =$ □　　② $4 \times 4 =$ □

③ $4 \times 7 =$ □　　④ $4 \times 2 =$ □

⑤ $4 \times 9 =$ □　　⑥ $4 \times 3 =$ □

⑦ $4 \times 6 =$ □　　⑧ $4 \times 5 =$ □

⑨ $4 \times 8 =$ □

かけ算九九 ⑭
4のだん

① おにぎりを　1さらに　4こずつ　のせます。
8さらでは　何(なん)こに　なりますか。

しき

答(こた)え

② 1そうの　ボートに　4人ずつ　のります。
6そうでは　何人　のれますか。

しき

答え

③ ベンチには　1つに　4本ずつ　足が　あります。
5つでは　何本に　なりますか。

しき

答え

④ 3台(だい)の　車に　4人ずつ　のります。
何人　のれますか。

しき

答え

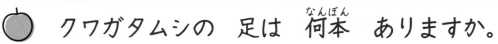

月　　日 名前

かけ算九九 ⑮

6のだん

クワガタムシの　足は　何本(なんぼん)　ありますか。

タイルの絵(え) (色(いろ)をぬりましょう)	1あたりの数(かず)	いくつ分(ぶん)	ぜんぶの数	しきと答(こた)え
				ろく いち が ろく 6×1＝
				ろく に じゅうに 6×2＝
				ろく さん じゅうはち 6×3＝
				ろく し にじゅうし 6×4＝
				ろく ご さんじゅう 6×5＝
				ろく ろく さんじゅうろく 6×6＝
				ろく しち しじゅうに 6×7＝
				ろく は しじゅうはち 6×8＝
				ろっ く ごじゅうし 6×9＝

月　日 名前

かけ算九九 ⑯

６のだん

1 つぎの 計算(けいさん)を しましょう。

① 6×3＝□　② 6×5＝□

③ 6×9＝□　④ 6×2＝□

⑤ 6×7＝□　⑥ 6×1＝□

⑦ 6×8＝□　⑧ 6×6＝□

⑨ 6×4＝□

2 つぎの 計算を しましょう。

① 6×6＝□　② 6×2＝□

③ 6×5＝□　④ 6×9＝□

⑤ 6×7＝□　⑥ 6×4＝□

⑦ 6×8＝□　⑧ 6×3＝□

⑨ 6×1＝□

かけ算九九 ⑰

6のだん

① かんづめを　6こずつ　入れた　はこが　6はこ　あります。かんづめは　ぜんぶで　何こ　ありますか。

しき

答え

② りんごを　1ふくろに　6こずつ　つめて　いきます。4ふくろでは　何こに　なりますか。

しき

答え

③ セミの　足は　1ぴきに　6本ずつ　あります。
セミが　2ひきでは　足は　何本に　なりますか。

しき

答え

④ さらが　5まい　あります。1さらに　みかんを　6こずつ　のせます。みかんは　何こ　いりますか。

しき

答え

月　日　名前

かけ算九九 ⑱

7のだん

テントウムシの　星(ほし)は　何(なん)こ　ありますか。

タイルの絵 (色をぬりましょう)	1あたりの数	いくつ分	ぜんぶの数	しきと答え
				しち　いち　が　しち 7×1＝
				しち　に　じゅうし 7×2＝
				しち　さん　にじゅういち 7×3＝
				しち　し　にじゅうはち 7×4＝
				しち　ご　さんじゅうご 7×5＝
				しち　ろく　しじゅうに 7×6＝
				しち　しち　しじゅうく 7×7＝
				しち　は　ごじゅうろく 7×8＝
				しち　く　ろくじゅうさん 7×9＝

月　　日 名前

かけ算九九 ⑲

7のだん

1 つぎの 計算(けいさん)を しましょう。

① $7 \times 1 =$ □　② $7 \times 4 =$ □

③ $7 \times 6 =$ □　④ $7 \times 2 =$ □

⑤ $7 \times 8 =$ □　⑥ $7 \times 3 =$ □

⑦ $7 \times 5 =$ □　⑧ $7 \times 7 =$ □

⑨ $7 \times 9 =$ □

2 つぎの 計算を しましょう。

① $7 \times 3 =$ □　② $7 \times 2 =$ □

③ $7 \times 5 =$ □　④ $7 \times 9 =$ □

⑤ $7 \times 7 =$ □　⑥ $7 \times 1 =$ □

⑦ $7 \times 6 =$ □　⑧ $7 \times 8 =$ □

⑨ $7 \times 4 =$ □

月　　日 名前

かけ算九九 ⑳

7のだん

① 1まい　7円の　色紙(いろがみ)を　8まい　買(か)うと　何円(なんえん)に　なりますか。

しき

答(こた)え ＿＿＿＿＿＿

② 1週間(しゅうかん)は　7日です。3週間では　何日ですか。

しき

答え ＿＿＿＿＿＿

③ おりづるを　1人　7わずつ　おります。5人で　おれば　何わに　なりますか。

しき

答え ＿＿＿＿＿＿

④ 6まいの　ふくろに　たまごを　7こずつ　入れます。たまごは　何こ　いりますか。

しき

答え ＿＿＿＿＿＿

月　　日 名前

かけ算九九 ㉑

8のだん

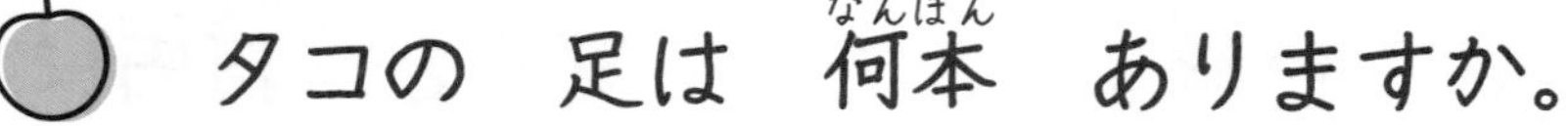

タコの　足は　何本（なんぼん）　ありますか。

タイルの絵 （色をぬりましょう）	1あたりの数	いくつ分	ぜんぶの数	しきと答え
				はち いち が はち 8×1＝
				はち に じゅうろく 8×2＝
				はち さん にじゅうし 8×3＝
				はち し さんじゅうに 8×4＝
				はち ご しじゅう 8×5＝
				はち ろく しじゅうはち 8×6＝
				はち しち ごじゅうろく 8×7＝
				はっ ぱ ろくじゅうし 8×8＝
				はっ く しちじゅうに 8×9＝

月　　日 名前

かけ算九九 ㉒

8のだん

1 つぎの 計算(けいさん)を しましょう。

①	8×5＝□	②	8×2＝□
③	8×8＝□	④	8×1＝□
⑤	8×6＝□	⑥	8×9＝□
⑦	8×4＝□	⑧	8×7＝□
⑨	8×3＝□		

2 つぎの 計算を しましょう。

①	8×1＝□	②	8×3＝□
③	8×6＝□	④	8×2＝□
⑤	8×8＝□	⑥	8×4＝□
⑦	8×7＝□	⑧	8×5＝□
⑨	8×9＝□		

月　　日 名前

かけ算九九 ㉓

8のだん

① たこやきが　1さらに　8こ　入って　います。
3さらでは　何(なん)こに　なりますか。

しき

答(こた)え

② 1こ　8円の　あめを　5こ　買(か)うと　何円に
なりますか。

しき

答え

③ いちごが　1さらに　8こずつ　入って　います。
2さらでは　何こに　なりますか。

しき

答え

④ 7人の　子どもに　1はこずつ　キャラメルを
くばります。1はこ　8こ入りです。キャラメルは
ぜんぶで　何こ　ありますか。

しき

答え

月　　日 名前

かけ算九九 ㉔

9のだん

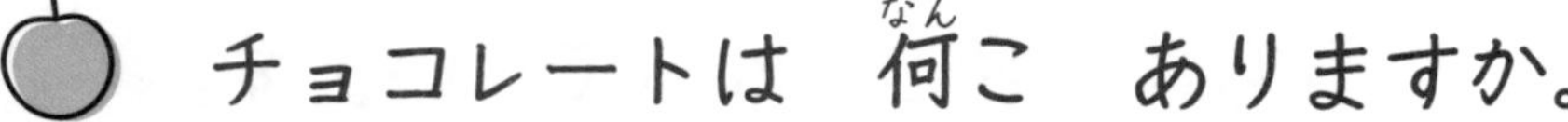

チョコレートは　何(なん)こ　ありますか。

タイルの絵 （色をぬりましょう）	1あたり の数	いくつ 分	ぜんぶ の数	しきと答え
				$9 \times 1 =$ （く いち が く）
				$9 \times 2 =$ （く に じゅうはち）
				$9 \times 3 =$ （く さん にじゅうしち）
				$9 \times 4 =$ （く し さんじゅうろく）
				$9 \times 5 =$ （く ご しじゅうご）
				$9 \times 6 =$ （く ろく ごじゅうし）
				$9 \times 7 =$ （く しち ろくじゅうさん）
				$9 \times 8 =$ （く は しちじゅうに）
				$9 \times 9 =$ （く く はちじゅういち）

月　　日 名前

かけ算九九 ㉕

9のだん

① つぎの 計算(けいさん)を しましょう。

① $9 \times 8 =$ □　　② $9 \times 3 =$ □

③ $9 \times 7 =$ □　　④ $9 \times 4 =$ □

⑤ $9 \times 6 =$ □　　⑥ $9 \times 1 =$ □

⑦ $9 \times 9 =$ □　　⑧ $9 \times 2 =$ □

⑨ $9 \times 5 =$ □

② つぎの 計算を しましょう。

① $9 \times 1 =$ □　　② $9 \times 5 =$ □

③ $9 \times 6 =$ □　　④ $9 \times 2 =$ □

⑤ $9 \times 7 =$ □　　⑥ $9 \times 3 =$ □

⑦ $9 \times 9 =$ □　　⑧ $9 \times 4 =$ □

⑨ $9 \times 8 =$ □

月　　日 名前

かけ算九九 ㉖

9のだん

① やきゅうは　1チーム　9人ずつです。4チーム　つくるには　何人(なんにん)　いりますか。

しき

答え(こたえ)

② かきが　1ふくろに　9こ　入って　います。9ふくろでは　何こに　なりますか。

しき

答え

③ 1はこに　クッキーが　9こ　入って　います。2はこだったら　何こに　なりますか。

しき

答え

④ キャンディーを　8人に　くばりました。1人　9こずつに　なりました。キャンディーは　はじめに　何こ　ありましたか。

しき

答え

月　　日 名前

かけ算九九 ㉗

1のだん

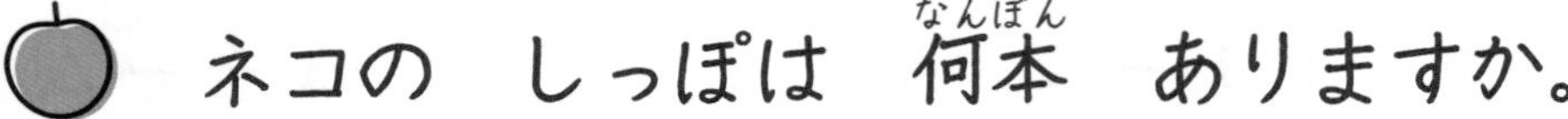

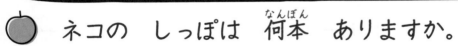

ネコの　しっぽは　何本（なんぼん）　ありますか。

タイルの絵(え) (色(いろ)をぬりましょう)	1あたりの数(かず)	いくつ分(ぶん)	ぜんぶの数	しきと答(こた)え
□				いん いち が いち 1×1＝
□ □				いん に が に 1×2＝
□ □ □				いん さん が さん 1×3＝
□ □ □ □				いん し が し 1×4＝
□ □ □ □ □				いん ご が ご 1×5＝
□ □ □ □ □ □				いん ろく が ろく 1×6＝
□ □ □ □ □ □ □				いん しち が しち 1×7＝
□ □ □ □ □ □ □ □				いん はち が はち 1×8＝
□ □ □ □ □ □ □ □ □				いん く が く 1×9＝

月　　日 名前

かけ算九九 ㉘

1のだん

1 つぎの 計算(けいさん)を しましょう。

① 1×6＝□　　② 1×4＝□

③ 1×2＝□　　④ 1×1＝□

⑤ 1×8＝□　　⑥ 1×3＝□

⑦ 1×5＝□　　⑧ 1×9＝□

⑨ 1×7＝□

2 1さらに ケーキが 1こずつ のって います。4さら分(ぶん)では 何(なん)こに なりますか。

しき

答(こた)え

3 1人に かさを 1本ずつ くばります。6人では かさは 何本 いりますか。

しき

答え

月　　日 名前

かけ算九九 ㉙

九九の　ひょう

ひょうに　かけ算(ざん)の　答えを　かきましょう。

かける数(かず) / かけられる数		1	2	3	4	5	6	7	8	9
1のだん	1	1	2	3	4	5	6	7	8	9
2のだん	2	2	4							
3のだん	3									
4のだん	4									
5のだん	5									
6のだん	6									
7のだん	7									
8のだん	8									
9のだん	9									

月　　日 名前

かけ算九九 ㉚

6・7のだんを　中心に

つぎの　計算(けいさん)を　しましょう。

① 6×8＝　② 4×9＝　③ 6×1＝

④ 3×5＝　⑤ 6×3＝　⑥ 7×6＝

⑦ 6×6＝　⑧ 7×1＝　⑨ 5×8＝

⑩ 2×7＝　⑪ 4×6＝　⑫ 7×7＝

⑬ 3×4＝　⑭ 4×8＝　⑮ 6×9＝

⑯ 7×4＝　⑰ 6×2＝　⑱ 5×9＝

⑲ 7×9＝　⑳ 5×6＝　㉑ 6×7＝

㉒ 7×5＝　㉓ 5×7＝　㉔ 6×5＝

㉕ 7×3＝　㉖ 4×5＝　㉗ 7×2＝

㉘ 6×4＝　㉙ 7×8＝　㉚ 4×7＝

月　　日 名前

かけ算九九 ㉛

6・7のだんを 中心に

つぎの 計算を しましょう。

① 3×8＝　② 4×8＝　③ 7×6＝

④ 4×3＝　⑤ 6×8＝　⑥ 7×5＝

⑦ 6×1＝　⑧ 4×9＝　⑨ 6×2＝

⑩ 7×4＝　⑪ 7×7＝　⑫ 6×9＝

⑬ 7×1＝　⑭ 5×4＝　⑮ 6×7＝

⑯ 2×8＝　⑰ 6×3＝　⑱ 5×8＝

⑲ 3×7＝　⑳ 7×2＝　㉑ 7×3＝

㉒ 6×4＝　㉓ 5×5＝　㉔ 7×9＝

㉕ 6×6＝　㉖ 5×3＝　㉗ 4×7＝

㉘ 7×8＝　㉙ 5×7＝　㉚ 6×5＝

月　　日 名前

かけ算九九 ㉜

8・9のだんを　中心に

つぎの　計算(けいさん)を　しましょう。

① 8×3＝	② 8×4＝	③ 7×8＝
④ 9×7＝	⑤ 3×2＝	⑥ 9×1＝
⑦ 4×9＝	⑧ 8×6＝	⑨ 9×8＝
⑩ 7×2＝	⑪ 2×2＝	⑫ 7×9＝
⑬ 3×9＝	⑭ 7×7＝	⑮ 5×8＝
⑯ 8×2＝	⑰ 8×8＝	⑱ 2×9＝
⑲ 9×2＝	⑳ 8×5＝	㉑ 8×9＝
㉒ 9×4＝	㉓ 9×5＝	㉔ 8×1＝
㉕ 9×6＝	㉖ 5×9＝	㉗ 9×3＝
㉘ 8×7＝	㉙ 4×6＝	㉚ 9×9＝

かけ算九九 ㉝

8・9のだんを　中心に

つぎの　計算を　しましょう。

① 9×4＝　② 9×5＝　③ 8×9＝

④ 6×6＝　⑤ 9×7＝　⑥ 8×1＝

⑦ 4×8＝　⑧ 9×6＝　⑨ 8×8＝

⑩ 5×7＝　⑪ 8×6＝　⑫ 4×2＝

⑬ 4×7＝　⑭ 3×3＝　⑮ 9×1＝

⑯ 2×5＝　⑰ 9×8＝　⑱ 7×6＝

⑲ 5×2＝　⑳ 5×6＝　㉑ 8×3＝

㉒ 9×2＝　㉓ 5×9＝　㉔ 2×6＝

㉕ 9×3＝　㉖ 8×5＝　㉗ 8×4＝

㉘ 9×9＝　㉙ 8×2＝　㉚ 8×7＝

月　　日 名前

かけ算九九 ㉞

れんしゅう

つぎの 計算（けいさん）を しましょう。

① 3×4＝　② 2×3＝　③ 8×8＝

④ 6×9＝　⑤ 2×6＝　⑥ 5×6＝

⑦ 9×2＝　⑧ 4×3＝　⑨ 6×7＝

⑩ 9×7＝　⑪ 4×7＝　⑫ 5×8＝

⑬ 4×5＝　⑭ 6×2＝　⑮ 6×4＝

⑯ 9×9＝　⑰ 7×7＝　⑱ 5×2＝

⑲ 8×6＝　⑳ 8×2＝　㉑ 7×3＝

㉒ 3×9＝　㉓ 5×4＝　㉔ 4×8＝

㉕ 7×1＝　㉖ 3×7＝　㉗ 9×5＝

㉘ 8×3＝　㉙ 2×9＝　㉚ 7×5＝

月　　日 名前

かけ算九九 ㉟

れんしゅう

つぎの　計算を　しましょう。

① $3 \times 5 =$	② $5 \times 7 =$	③ $9 \times 8 =$
④ $2 \times 4 =$	⑤ $7 \times 9 =$	⑥ $8 \times 7 =$
⑦ $4 \times 4 =$	⑧ $8 \times 9 =$	⑨ $3 \times 6 =$
⑩ $7 \times 4 =$	⑪ $6 \times 6 =$	⑫ $4 \times 2 =$
⑬ $6 \times 3 =$	⑭ $2 \times 5 =$	⑮ $5 \times 5 =$
⑯ $4 \times 6 =$	⑰ $3 \times 3 =$	⑱ $9 \times 4 =$
⑲ $3 \times 8 =$	⑳ $6 \times 8 =$	㉑ $4 \times 9 =$
㉒ $8 \times 5 =$	㉓ $5 \times 3 =$	㉔ $9 \times 6 =$
㉕ $7 \times 8 =$	㉖ $5 \times 9 =$	㉗ $7 \times 2 =$
㉘ $9 \times 3 =$	㉙ $2 \times 8 =$	㉚ $6 \times 5 =$

月　日 名前

かけ算九九 ㊱
れんしゅう

つぎの　計算(けいさん)を　しましょう。

① $4 \times 2 =$	② $5 \times 4 =$	③ $6 \times 6 =$
④ $3 \times 3 =$	⑤ $4 \times 9 =$	⑥ $6 \times 8 =$
⑦ $7 \times 7 =$	⑧ $4 \times 5 =$	⑨ $2 \times 4 =$
⑩ $9 \times 4 =$	⑪ $5 \times 7 =$	⑫ $2 \times 2 =$
⑬ $8 \times 5 =$	⑭ $9 \times 7 =$	⑮ $6 \times 4 =$
⑯ $8 \times 3 =$	⑰ $5 \times 9 =$	⑱ $8 \times 9 =$
⑲ $7 \times 3 =$	⑳ $2 \times 8 =$	㉑ $2 \times 6 =$
㉒ $6 \times 2 =$	㉓ $3 \times 1 =$	㉔ $7 \times 6 =$
㉕ $9 \times 3 =$	㉖ $4 \times 4 =$	㉗ $3 \times 7 =$
㉘ $6 \times 3 =$	㉙ $3 \times 9 =$	㉚ $8 \times 2 =$

月　　日 名前

かけ算九九 ㊲

れんしゅう

つぎの　計算を　しましょう。

① 2×5＝	② 7×2＝	③ 5×8＝
④ 8×6＝	⑤ 6×7＝	⑥ 4×6＝
⑦ 7×5＝	⑧ 2×3＝	⑨ 6×9＝
⑩ 8×4＝	⑪ 9×8＝	⑫ 5×5＝
⑬ 4×3＝	⑭ 9×6＝	⑮ 8×7＝
⑯ 7×4＝	⑰ 5×6＝	⑱ 7×9＝
⑲ 9×5＝	⑳ 9×9＝	㉑ 4×7＝
㉒ 6×5＝	㉓ 5×3＝	㉔ 7×8＝
㉕ 9×2＝	㉖ 3×8＝	㉗ 2×9＝
㉘ 8×8＝	㉙ 3×5＝	㉚ 4×8＝

月　　日 名前

まとめ ⑮

かけ算九九

/50点

① つぎの 計算(けいさん)を しましょう。 （1もん3点／30点）

① 7×6＝　　② 9×4＝

③ 4×9＝　　④ 2×8＝

⑤ 5×3＝　　⑥ 3×2＝

⑦ 6×5＝　　⑧ 7×7＝

⑨ 8×7＝　　⑩ 9×8＝

② 1はこに 8こずつ 入った チョコレートが 7はこ あります。チョコレートは ぜんぶで 何(なん)こ ありますか。 （しき5点、答え5点／10てん）

しき

答(こた)え

③ ジュースが 2L 入った ペットボトルが 9本 あります。ジュースは ぜんぶで 何L ありますか。 （しき5点、答え5点／10てん）

しき

答え

まとめテスト　　月　　日 名前

まとめ ⑯

かけ算九九

1 3の　4つ分を　あらわしている　しきは　どれですか。きごうで　答えましょう。（1もん5点／5点）

㋐ 4＋3　　㋑ 3×4

㋒ 3＋3＋3　　㋓ 4＋4＋4

㋔ 3＋4　　㋕ 4×3　　答え

2 □に　あてはまる　数(かず)を　かきましょう。（1もん5点／5点）

6のだんの　九九では、かける数が　1　ふえると

答えは □ ふえます。

3 答えが　つぎの　数に　なる　九九を　すべて　かきましょう。（1もん2点／22点）

① 12（　×　）（　×　）（　×　）（　×　）

② 36（　×　）（　×　）（　×　）

③ 18（　×　）（　×　）（　×　）（　×　）

4 □に　あてはまる　数を　かきましょう。（□3点／18点）

① 3 ― 6 ― □ ― 12 ― □

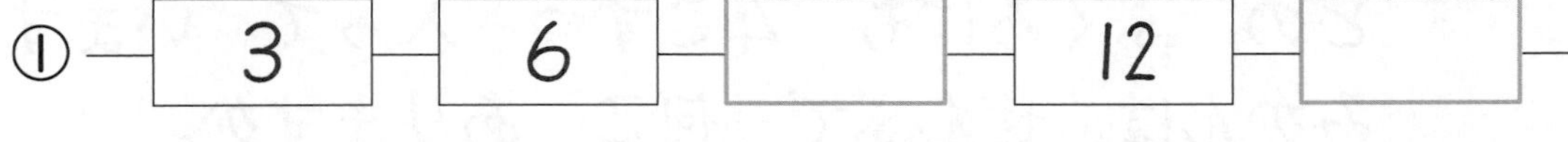

② 7 ― □ ― 21 ― □ ― 35

③ 5 ― 10 ― □ ― 20 ― □

月　　日 名前

いろいろな　かけ算 ①

いろいろな　もんだい

つぎの　もんだいを　しましょう。

① 色紙(いろがみ)を　4まいずつ、6人に　くばります。
色紙は　何(なん)まい　いりますか。

しき

答(こた)え

② 1はこに　8こずつ　入った　あめが　5はこ
あります。あめは　ぜんぶで　何こ　ありますか。

しき

答え

③ いちごが　1さらに　6こずつ　のって　います。
4さらでは　ぜんぶで　何こ　ありますか。

しき

答え

④ みかんを　8ふくろ　買(か)いました。
どの　ふくろにも　4こずつ　入って　います。
みかんは　ぜんぶで　何こ　ありますか。

しき

答え

月　　日 名前

いろいろな　かけ算 ②

いろいろな　もんだい

1 かけ算の　答えの　大きい　方に　〇を　つけましょう。

① 3×5、3×7　　② 7×8、6×8

③ 6×7、6×8　　④ 6×9、5×9

⑤ 6×7、9×4　　⑥ 8×3、2×9

2 □に　あてはまる　数を　かきましょう。

① 3×8＝8×□　　② 5×□＝9×5

③ □×7＝7×5　　④ 2×1＝□×2

⑤ 6×9＝□×6　　⑥ 8×6＝□×8

3 □に　あてはまる　数を　かきましょう。

① 5×3＋5×4＝5×[7]

② 8×2＋8×2＝8×□

③ 2×9＝2×7＋2×□

月　　日 名前

いろいろな　かけ算 ③

いろいろな　もんだい

九九の　ひょうを　見て　答(こた)えましょう。

かける数(かず) / かけられる数		1	2	3	4	5	6	7	8	9
1のだん	1	1	2	3	4	5	6	7	8	9
2のだん	2	2	4	6	8	10	12	14	16	18
3のだん	3	3	6	9	12	15	18	21	24	27
4のだん	4	4	8	12	16	20	24	28	32	36
5のだん	5	5	10	15	20	25	30	35	40	45
6のだん	6	6	12	18	24	30	36	42	48	54
7のだん	7	7	14	21	28	35	42	49	56	63
8のだん	8	8	16	24	32	40	48	56	64	72
9のだん	9	9	18	27	36	45	54	63	72	81

① 2のだんの　答えと　5のだんの　答えを　たすと、どの　だんの　答えに　なりますか。

(　　　　のだん)

② 9のだんの　答えから　3のだんの　答えを　ひくと、どの　だんの　答えに　なりますか。

(　　　　のだん)

いろいろな　かけ算 ④

いろいろな　もんだい

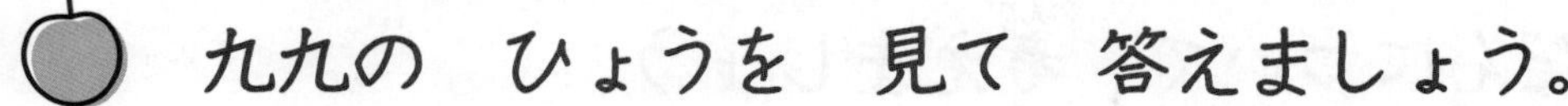

● 九九の　ひょうを　見て　答えましょう。

①

4	6
6	9

このように、ひょうの　いちぶを　四角（しかく）く　ぬきだします。

㋐ 4つの　数を　ななめに　かけると　どんな　ことが　わかりますか。ほかの　4つの　数でも　やって　みましょう。

$4 \times 9 = 36$
$6 \times 6 = 36$
（　　　　　　　　　　　　　　）

㋑ ななめに　たすと　どんな　ことが　わかりますか。ほかの　4つの　数でも　やって　みましょう。

$4 + 9 = 13$
$6 + 6 = 12$
（　　　　　　　　　　　　　　）

② 3のだんの　答えを　下に　かきました。やじるしのように　2つの　数を　たした　答えは　いくつに　なりますか。

3　6　9　12　15　18　21　24　27

（　　　　　　　　　　　　　　）

③ ほかの　きまりを　見つけて　みましょう。

（　　　　　　　　　　　　　　）

月　　日 名前

いろいろな　かけ算 ⑤

いろいろな　もんだい

4のだんについて　考えましょう。

1	2	3	4	5	6	7	8	9	10	11	12	13	14

たてに　4こずつ　ならんで　いる □が　9れつ

4×9＝36

10れつに　なると　　4ふえる

4×10＝40

11れつに　なると　　4ふえる

4×11＝44

12れつに　なると　　4ふえる

4×12＝48

13れつに　なると　　4ふえる

4×13＝52

14れつに　なると　　4ふえる

4×14＝56

月　　日 名前

いろいろな　かけ算 ⑥

いろいろな　もんだい

1 つぎの　計算（けいさん）を　しましょう。

① 5×9＝　　② 5×10＝

③ 5×11＝　　④ 5×12＝

⑤ 9×6＝　　⑥ 10×6＝

⑦ 11×6＝　　⑧ 12×6＝

2 つぎの　計算を　しましょう。

① 7×9＝　　② 7×10＝

③ 7×11＝　　④ 7×12＝

⑤ 9×8＝　　⑥ 10×8＝

⑦ 11×8＝　　⑧ 12×8＝

3 つぎの　計算を　しましょう。

① 9×10＝　　② 9×11＝

③ 9×12＝　　④ 9×13＝

月　　日 名前

三角形と　四角形 ①

三角形・四角形とは

1 3つの　点(てん)ア、イ、ウを　じゅんに　3本の　直線(ちょくせん)で　つなぎましょう。

ア・

イ・　　・ウ

三角形(さんかくけい)

3本の　直線で　かこまれた　形(かたち)を　三角形と　いいます。

2 4つの　点ア、イ、ウ、エを　じゅんに　4本の　直線で　つなぎましょう。

ア・　　・エ

イ・　　・ウ

四角形(しかくけい)

4本の　直線で　かこまれた　形を　四角形と　いいます。

3 □に　あてはまる　ことばを　かきましょう。

① 3本の　直線で　かこまれた　形を　□　と　いいます。

② 4本の　□で　かこまれた　形を　四角形　と　いいます。

月　　日 名前

三角形と　四角形 ②

三角形・四角形とは

① 点と　点を　つないで　いろいろな　三角形や　四角形を　かきましょう。つないだ　直線を　へんと　いいます。

（れい）

② 図(ず)から　三角形と　四角形を　えらび、〔　　〕に　きごうを　かきましょう。

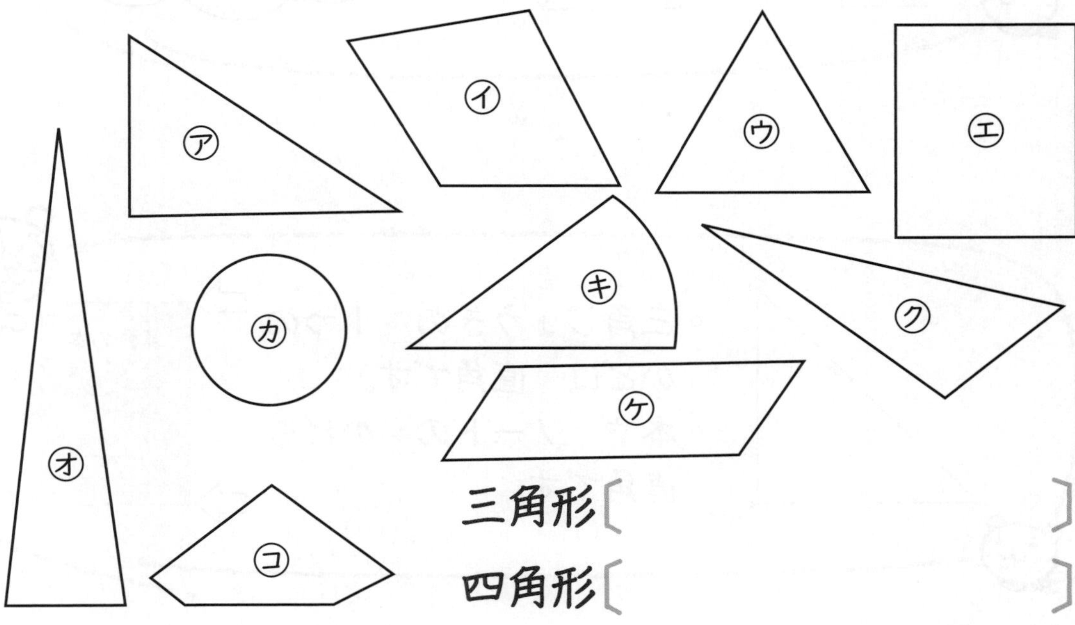

三角形〔　　　　　　　　〕

四角形〔　　　　　　　　〕

月　　日 名前

三角形と　四角形 ③

直角とは

直角を　つくりましょう。

① 紙を　2つに　おる。

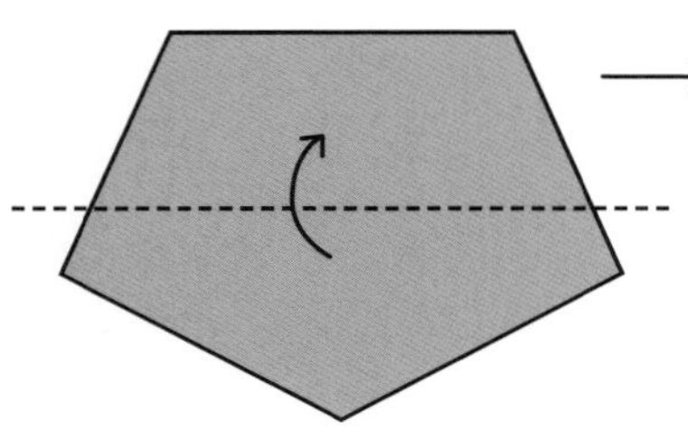

② また　2つに　おる。

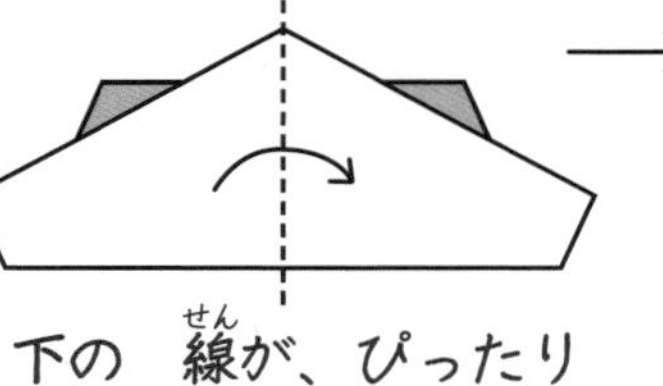

下の　線が、ぴったり　かさなるように　おる。

③ でき上がり。

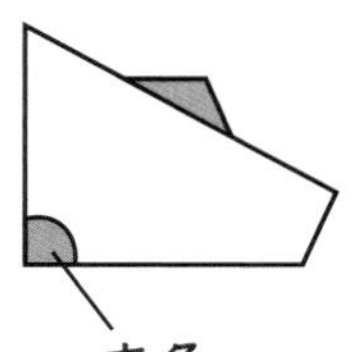

④ かどを　三角じょうぎの　かどと　かさねる。（たしかめる。）

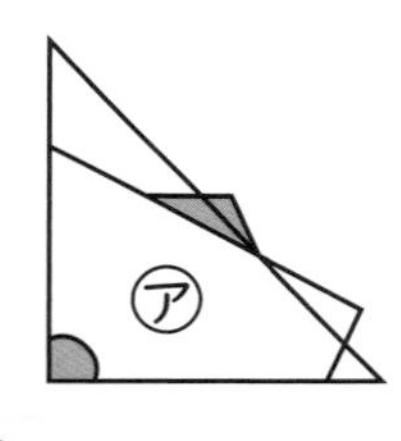

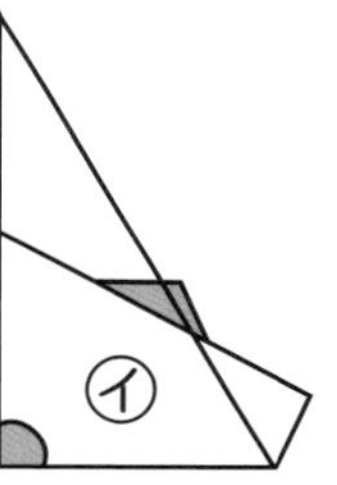

三角じょうぎの　㋐㋑の　かどは　直角です。紙を　おって　できる　かども　直角ですね。

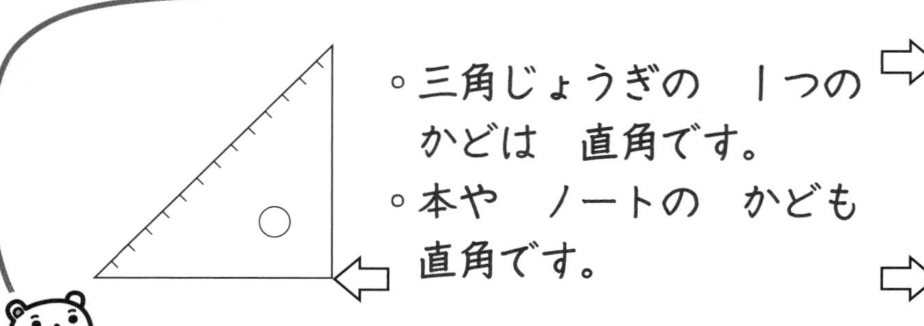

- 三角じょうぎの　1つの　かどは　直角です。
- 本や　ノートの　かども　直角です。

三角形と　四角形 ④

長方形・正方形

どの　かども　みな　直角に　なっている
四角形(しかくけい)を　**長方形(ちょうほうけい)**と　いいます。

どの　かども　みな　直角で　どの　へんも　みな
同(おな)じ　長(なが)さの　四角形を　**正方形(せいほうけい)**と　いいます。

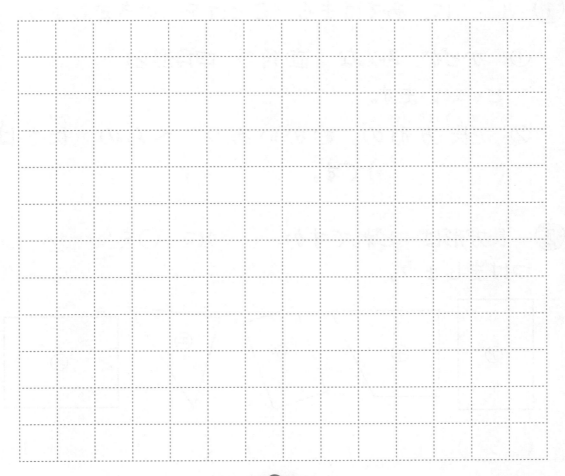

● 方(ほう)がん紙(し)に　たて５cm、よこ２cmの　長方形と
１つの　へんが　４cmの　正方形を
かきましょう。

月　　日 名前

三角形と　四角形 ⑤

長方形・正方形

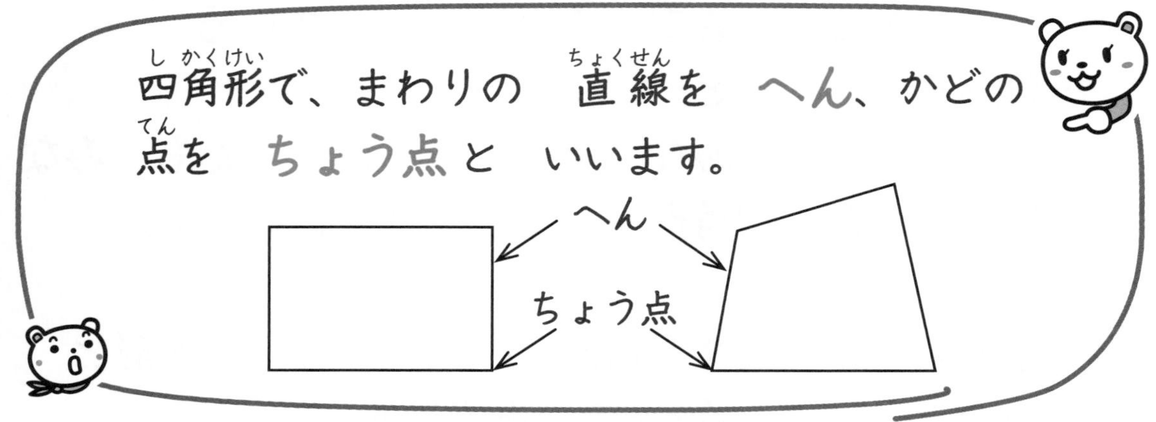

四角形(しかくけい)で、まわりの　直線(ちょくせん)を　へん、かどの
点(てん)を　ちょう点と　いいます。
へん
ちょう点

① （　　）に、あてはまる　ことばを　かきましょう。

① かどが、みんな　直角(ちょっかく)の　四角形を（　　　　　）
と　いいます。

② 長方形(ちょうほうけい)の、むかいあう　へんの　長(なが)さは
（　　　　　）です。

② 長方形は　どれですか。（　　）に　○を
つけましょう。

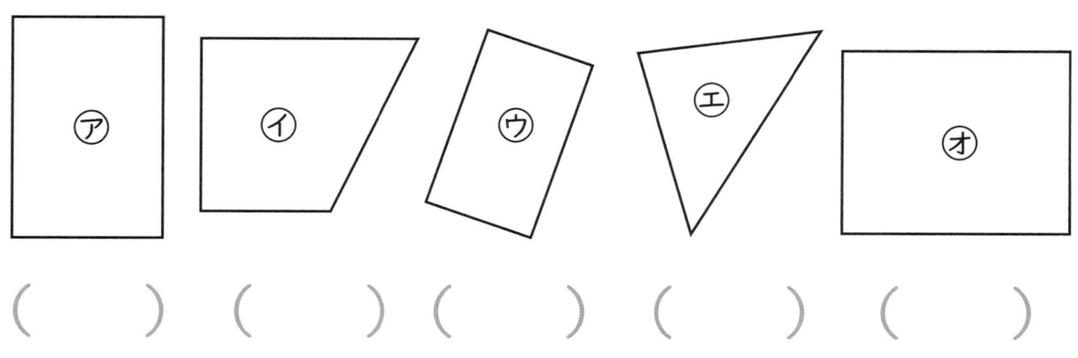

（　　）（　　）（　　）（　　）（　　）

月　　日 名前

三角形と　四角形 ⑥

長方形・正方形

1 (　)に、あてはまる　ことばを　かきましょう。

① かどが　みんな　直角で、へんの　長さが　みんな　同じ(おな)　四角形を(　　　　　)と　いいます。

② 正方形(せいほうけい)の　へんの　長さは、みんな(　　　　　)です。

おり紙(がみ)を　図(ず)のように　おって、へんの　長さを　くらべると、アウ、イエの　長さは　同じに　なります。

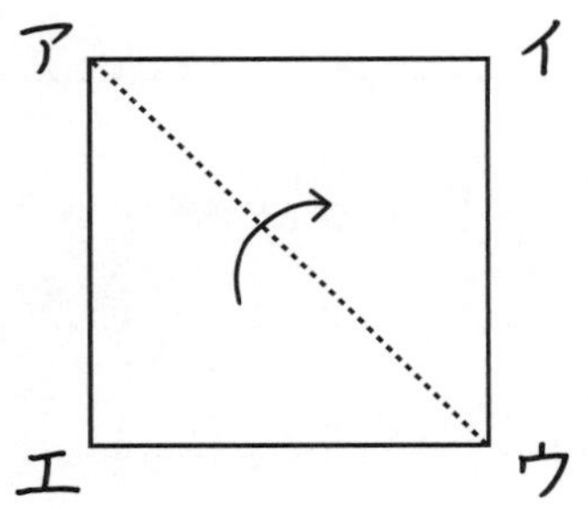

・イと　エの　ちょう点を　あわせる。

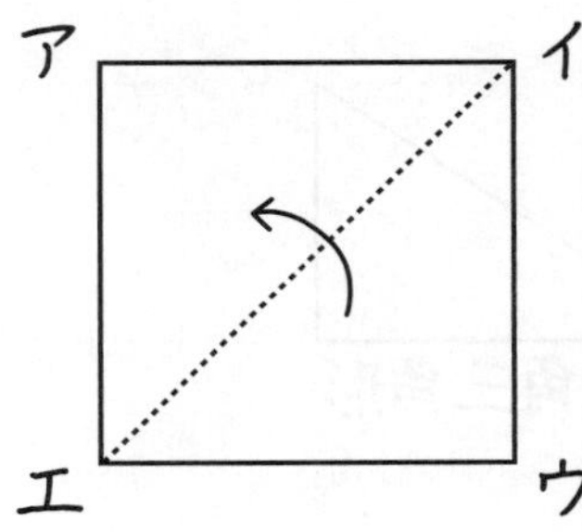

・アと　ウの　ちょう点を　あわせる。

2 正方形は　どれですか。(　)に　○を　つけましょう。

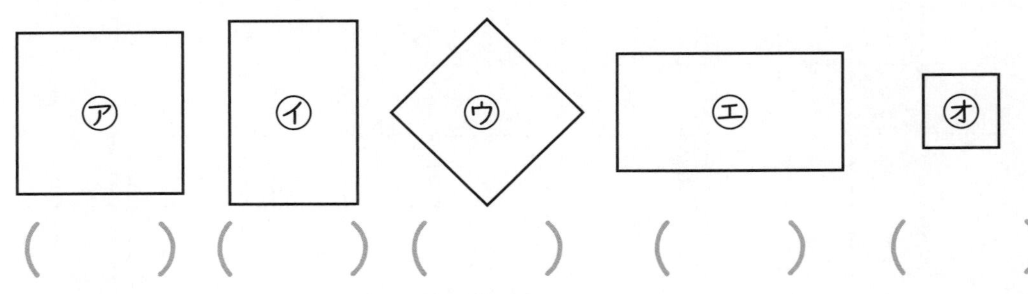

(　　)(　　)(　　)(　　)(　　)

三角形と　四角形 ⑦

直角三角形

① 点ア、イ、ウを　直線で　つなぎましょう。

ウ・

ア・　　　　　　　・イ

直角三角形

直角の　かどの　ある　三角形を　**直角三角形**と　いいます。

② いろいろな　大きさの　長方形、正方形、直角三角形を　かきましょう。

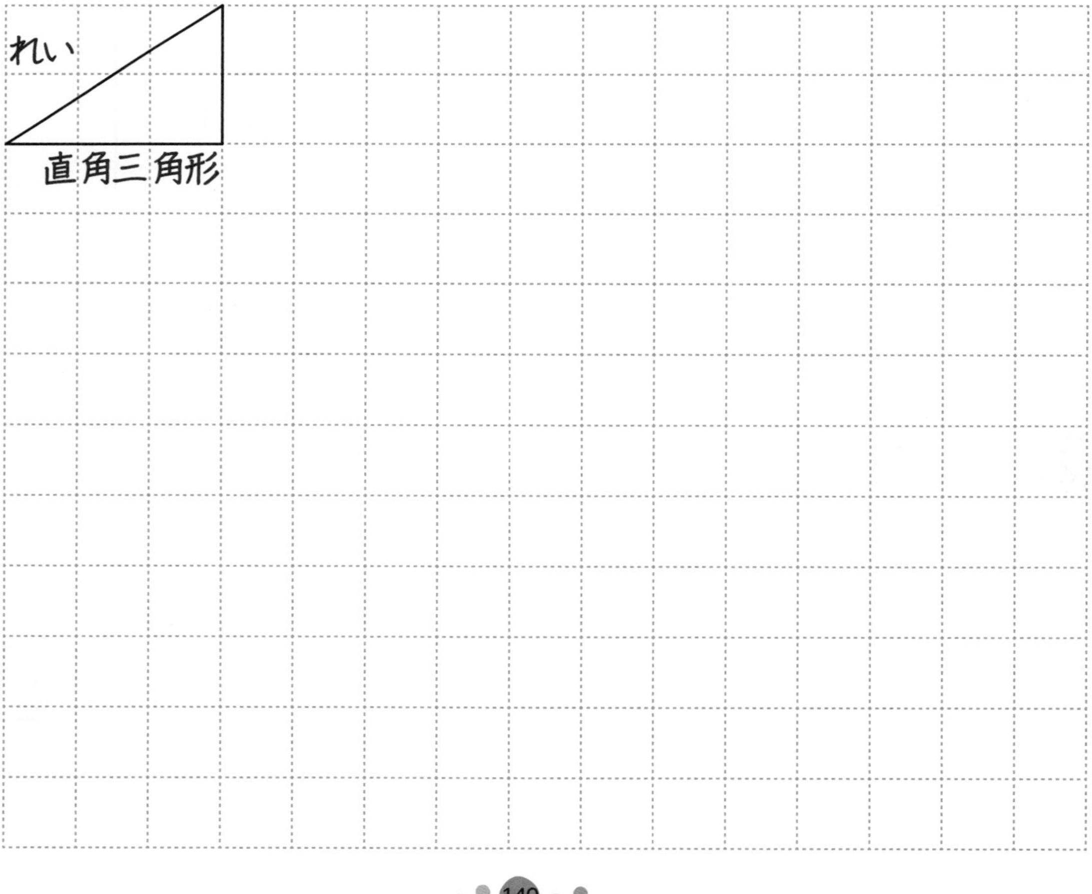

れい

直角三角形

月　　日 名前

三角形と　四角形 ⑧

直角三角形

1 直角三角形は　どれですか。(　)に　○を　つけましょう。

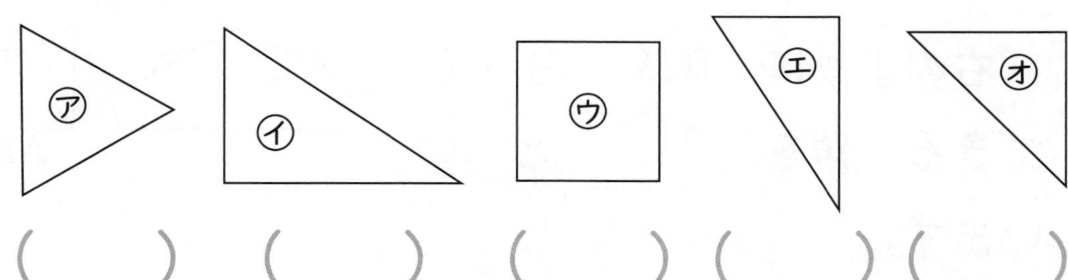

(　　)　(　　)　(　　)　(　　)　(　　)

三角形も　直線の　ところを　へんと　いい、かどの　点を　ちょう点と　いいます。

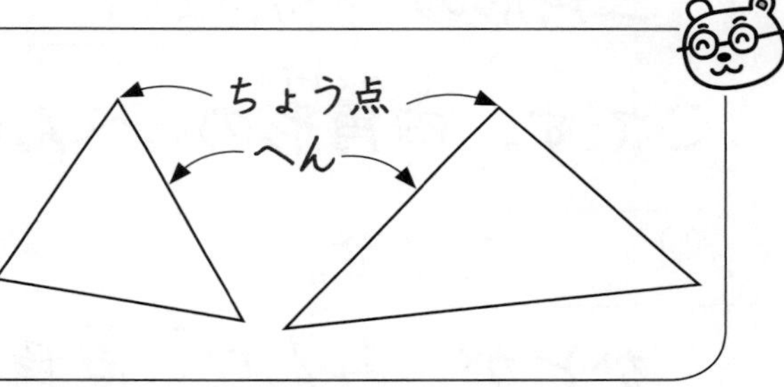

2 (　)に　あてはまる　ことばや　数(かず)を　かきましょう。

① 三角形には、へんが（　　）本、ちょう点が（　　）こ　あります。

② 四角形(しかくけい)には、へんが（　　）本、ちょう点が（　　）こ　あります。

③ かどが、みんな　直角の　四角形を（　　　　）と　いいます。

④ 長方形は、むかいあう　へんの　長(なが)さが（　　　　）です。

まとめテスト

月　日　名前

まとめ ⑰

三角形と　四角形

1 つぎの □に　あてはまる　ことばを　かきましょう。（1もん5点／40点）

右のように　紙(かみ)を　おって　できる　角を　①□と　いいます。

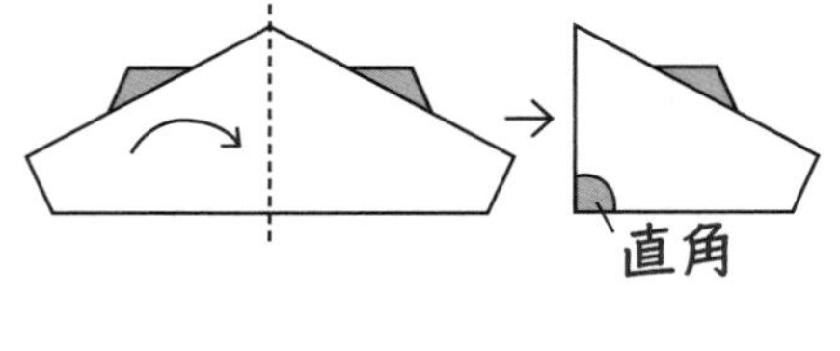

三角形(さんかくけい)の　へんは　②□本、ちょう点(てん)は　③□こです。四角形(しかくけい)の　へんは　④□本、ちょう点は　⑤□こです。

かどが　みんな　直角(ちょっかく)に　なっている　四角形を　⑥□と　いいます。また、かどが　みんな　直角で　へんの　長(なが)さが　同(おな)じ　形(かたち)を　⑦□と　いいます。

直角の　かどが　ある　三角形を　⑧□と　いいます。

2 図形(ずけい)の　名前(なまえ)を　かきましょう。（1つ5点／10点）

①

（　　　　）

②

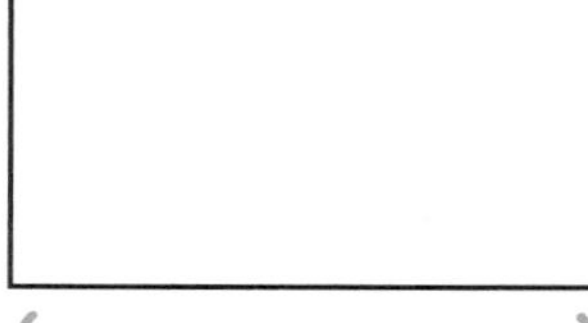

（　　　　）

③

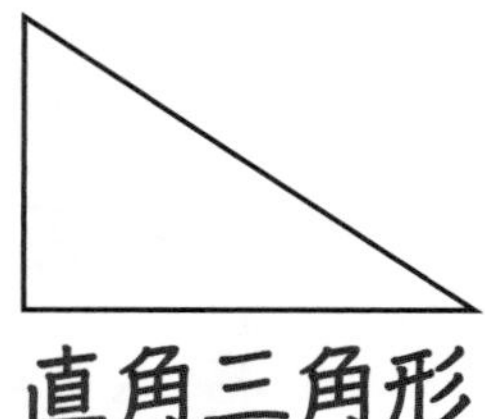

直角三角形

まとめテスト

月　　日 名前

まとめ ⑱

三角形と　四角形

/50点

① つぎの　図を　見て　きごうで　答(こた)えましょう。

（１つ４点／20点）

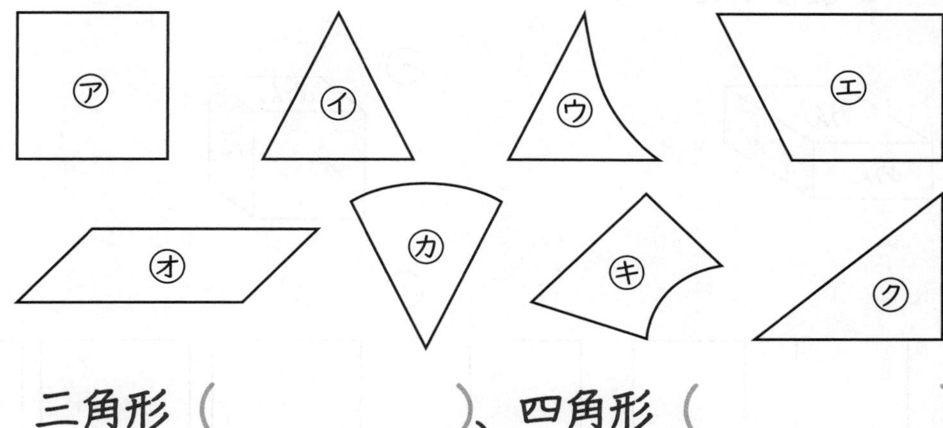

三角形（　　　　　　）、四角形（　　　　　　）

② つぎの　図形を　方(ほう)がんに　かきましょう。

（１つ10点／30点）

① ２つの　へんの　長さが　２cmと　４cmの　長方形。

② １つの　へんの　長さが　３cmの　正方形。

③ 直角に　なる　２つの　へんの　長さが　３cmと　５cmの　直角三角形。

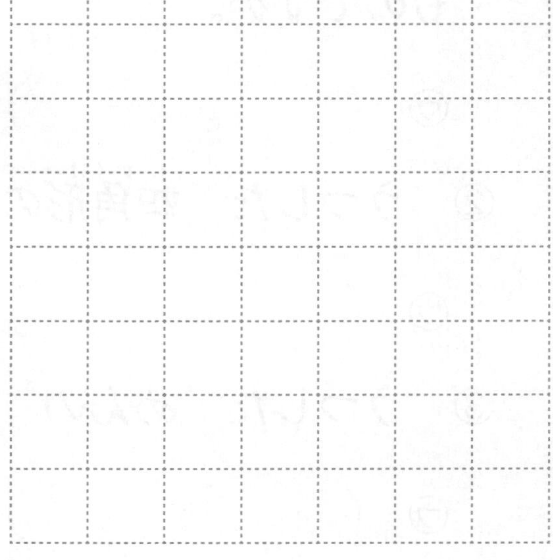

月　　日 名前

はこの 形 ①

めん・へん・ちょう点

㋐、㋑の はこの ぜんぶの めんを 紙に うつしました。

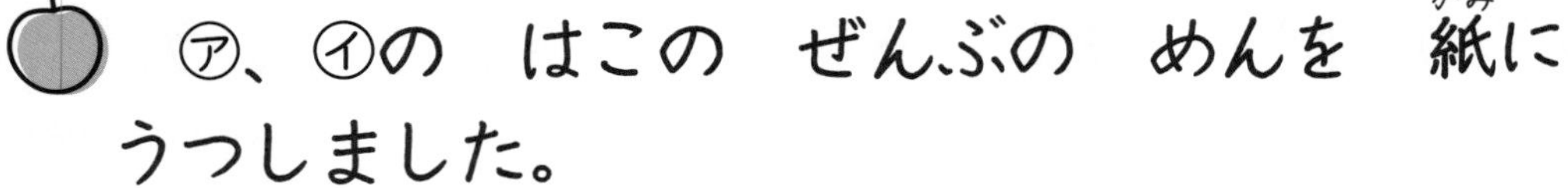

㋐

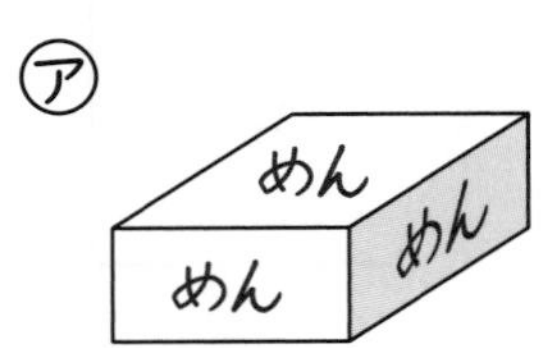

㋑

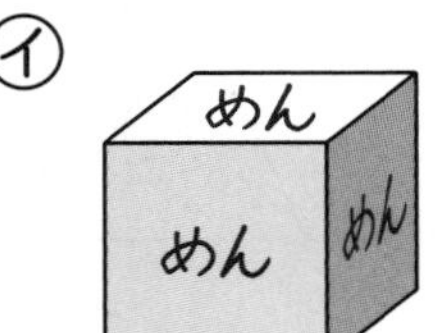

㋒　　　　㋓

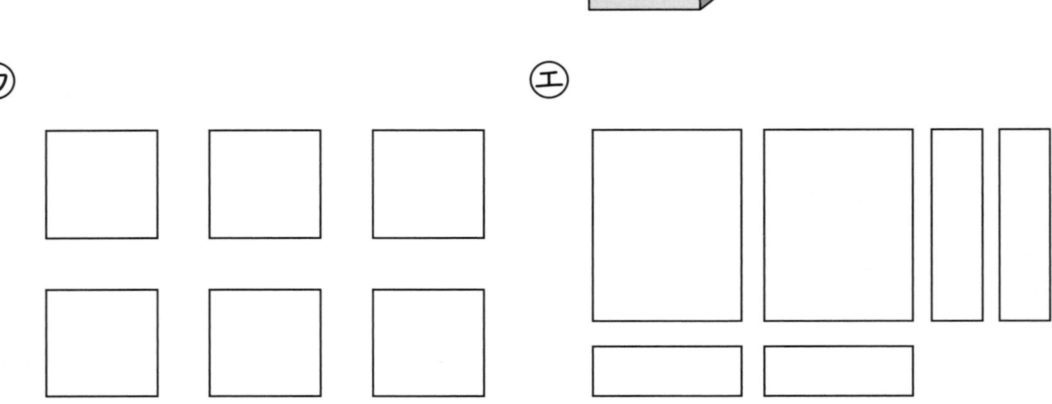

① ㋒、㋓の 図は ㋐、㋑の どちらを うつした ものですか。

㋒（　　　　　　）　㋓（　　　　　　）

② うつした 四角形の 名前を かきましょう。

㋒（　　　　　　）　㋓（　　　　　　）

③ うつした めんの 数は いくつですか。

㋒（　　　　　　）　㋓（　　　　　　）

はこの　形 ②

めん・へん・ちょう点

はこの　形(かたち)で、たいらな
ところを　めんと　いいます。
はこの　形の　直線(ちょくせん)を
へんと　いい、かどの
とがった　ところを
ちょう点(てん)と　いいます。

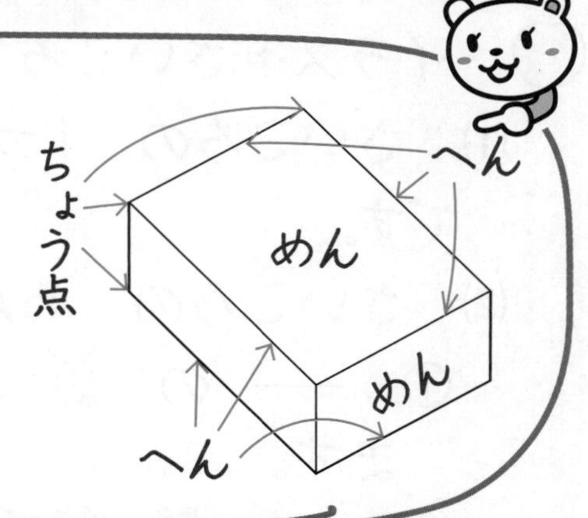

● はこを　ひらいた　形を　右の　方(ほう)がんに、
うつしましょう。

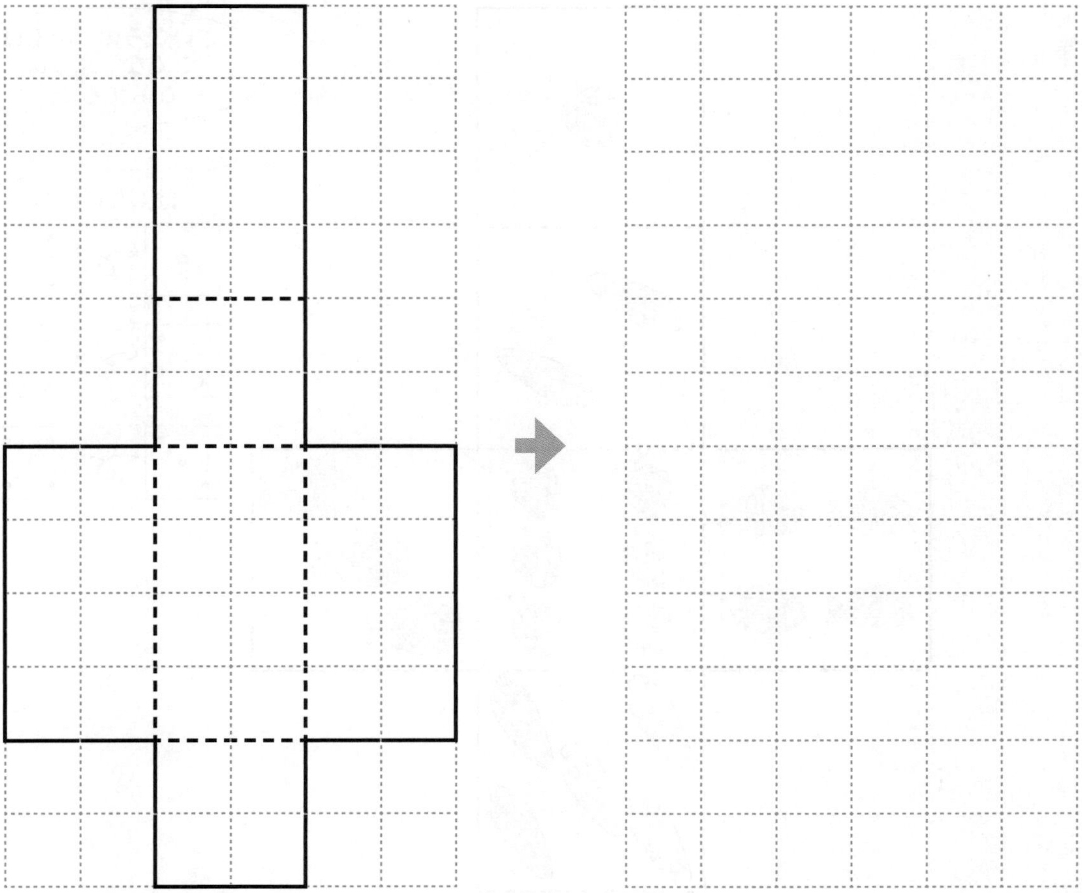

はこの　形 ③

めん・へん・ちょう点

イラストさいころを　つくろう！

(1) さいころの　1つの　めんの　形(かたち)は（　　　　　）です。

(2) さいころの　めんの　数(かず)は（　　　こ）です。

① ―― の　線(せん)に　そって、はさみで　切(き)りとります。

② ------ の　線で　おりまげると、さいころの形に　なります。

③ セロテープで　はると、かんせいです。

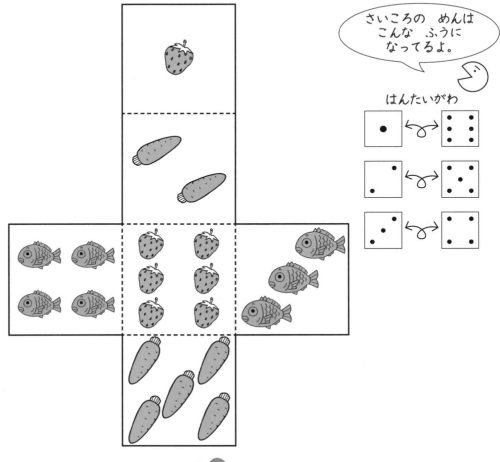

さいころの　めんは
こんな　ふうに
なってるよ。

はんたいがわ

月　　日 名前

はこの　形 ④

めん・へん・ちょう点

1　（　）にあてはまる　ことばや　数(かず)を　かきましょう。

① はこの　形で、たいらな　ところを（　　　）と　いいます。

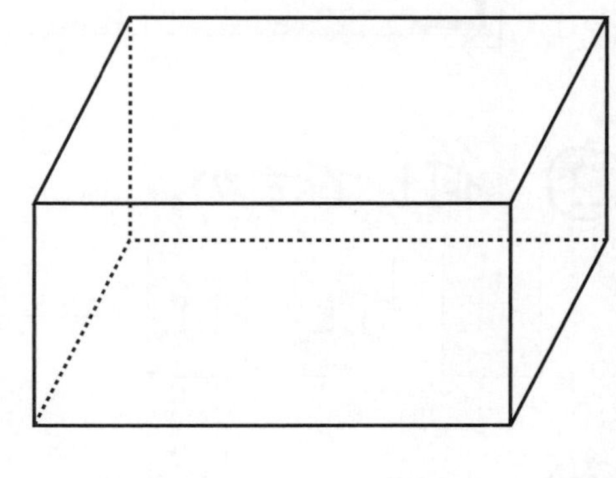

② はこの　形の　直線(ちょくせん)を（　　　）と　いい、かどの　とがった　ところを（　　　）と　いいます。

③ はこの　形には、めんが（　　）こ、へんが（　　）本、ちょう点(てん)が（　　）こ　あります。

2　つぎの　①と　②の　図(ず)を　組(く)み立てると、右の　どの　はこに　なりますか。

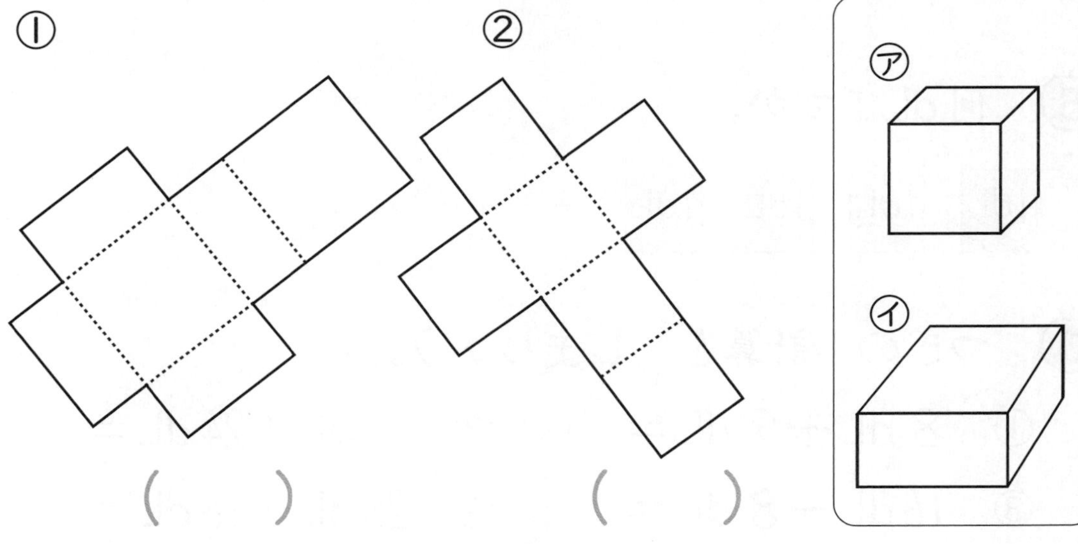

①（　　）　②（　　）

水の　かさ ①

L（リットル）・dL（デシリットル）

① L(リットル) の かき方を れんしゅう　しましょう。

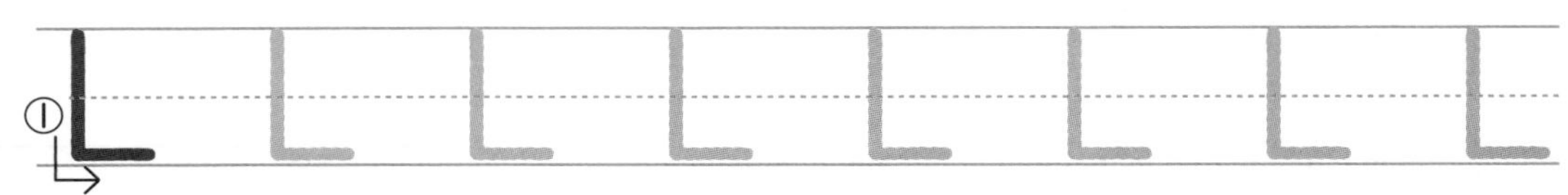

② 何Lですか。

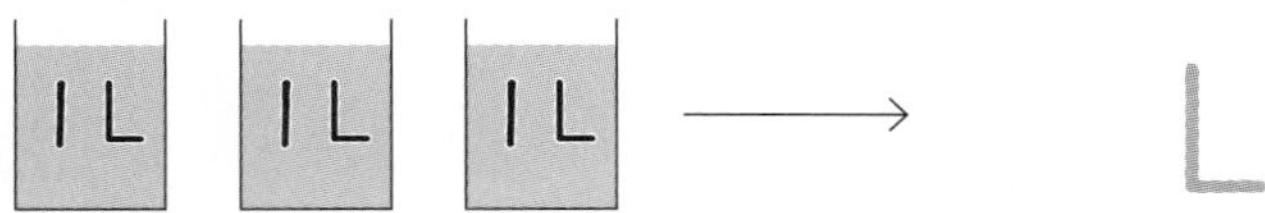

③ つぎの　計算を　しましょう。

① 2L＋3L＝　　　② 15L－7L＝

④ dL（デシリットル）の　かき方を　れんしゅう　しましょう。

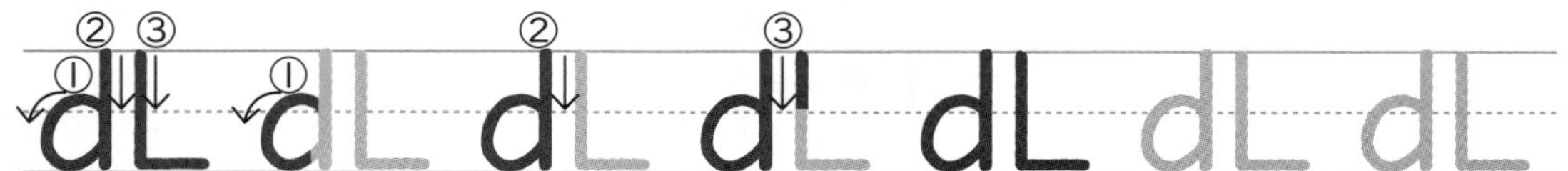

⑤ 何dLですか。

⑥ つぎの　計算を　しましょう。

① 8dL＋9dL＝　　　② 16dL＋24dL＝

③ 16dL－8dL＝　　　④ 25dL－16dL＝

月　　日 名前

水の　かさ ②

mL（ミリリットル）

① mL（ミリリットル）の　かき方を　れんしゅう しましょう。

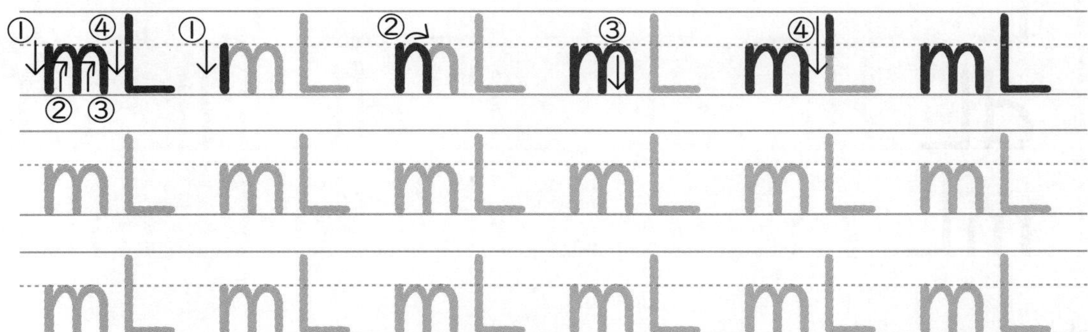

② ますに　10mLずつ　水が　入って　います。水に 色(いろ)を　ぬりましょう。

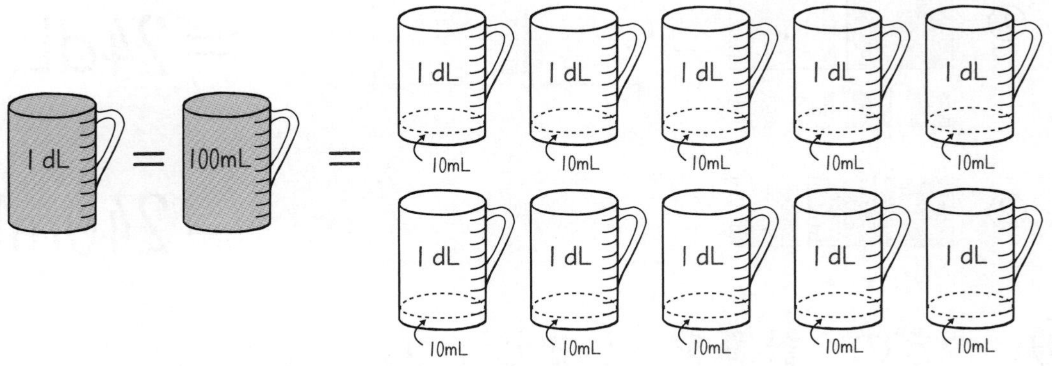

③ 何mLですか。

④ つぎの　計算(けいさん)を　しましょう。

① 10mL＋20mL＝　　② 30mL＋60mL＝

③ 50mL－30mL＝　　④ 100mL－40mL＝

水の　かさ ③
L・dL・mL

① L、dL、mLを　れんしゅう　しましょう。

L L L L L L L L L L

dL dL dL dL dL dL dL

mL mL mL mL mL mL

② かさは　どれだけですか。

1 L＝10 dL＝1000mL　1 dL＝100mL

① 1L 1L 1dL 1dL 1dL 1dL → 　L　　dL ＝24dL

② 1dL 1dL 1dL → 　dL　　mL ＝240mL

③ つぎの　計算（けいさん）を　しましょう。

① 3L＋4L＝

② 8dL－4dL＝

③ 5L2dL＋2L4dL＝

④ 4dL＋6dL＝　　　＝　　L

⑤ 200mL＋800mL＝　　　＝　　L

⑥ 1 L－300mL＝

月　　日 名前

水の　かさ ④

L・dL・mL

① かさは　どれだけですか。

①

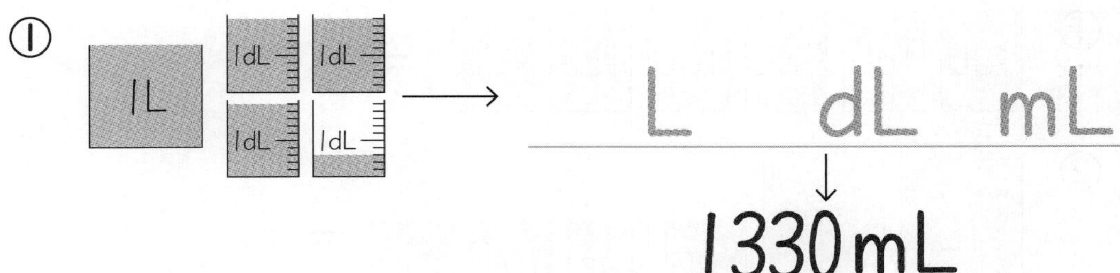

②

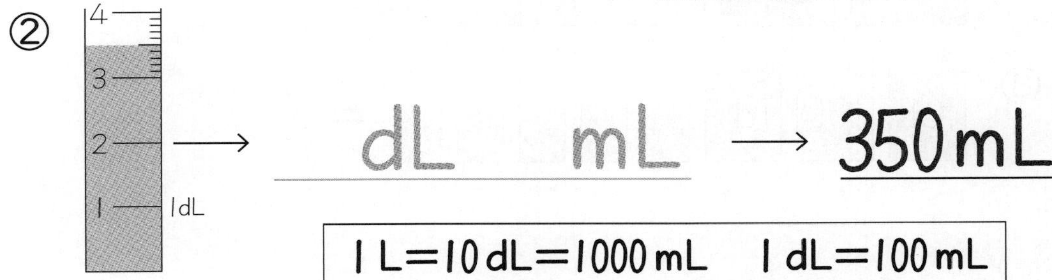

1 L＝10 dL＝1000 mL　1 dL＝100 mL

② つぎの（　）に　あてはまる　数(かず)を　入れましょう。

① 1Lは（　　）dLで、（　　）mLです。

② 1dLは（　　）mLです。

③ 2000 mLは（　　）Lで、（　　）dLです。

④ 3Lは（　　）mLです。

⑤ 5Lは（　　）dLで、（　　）mLです。

⑥ 4000 mLは（　　）Lで、（　　）dLです。

⑦ 500 mLは（　　）dLです。

月　　日 名前

水の　かさ ⑤

L・dL・mL

1 かさは　どれだけですか。

① 1dL 1dL 1dL 1dL 1dL 1dL ＝（　　　　　　）

② 1L 1L 1dL 1dL 1dL 1dL ＝（　　　　　　）

③ 1dL 1dL 1dL 10mL 10mL 10mL 10mL 10mL ＝（　　　　　　）

2 （　　）に　あてはまる　数(かず)を　入れましょう。

① 7Lは（　　　）dLで、（　　　　）mLです。

② 5000mLは（　　　）Lで、（　　　）dLです。

③ 6000mLは（　　　）dLです。

④ 1Lます　8はいと、1dLます　5はいの

水の　かさは（　　　）L（　　　）dLです。

⑤ 400mLは（　　　）dLです。

⑥ 1500mLは（　　　）L（　　　）dLです。

月　　日 名前

水の　かさ ⑥

L・dL・mL

① かさは　どれだけですか。

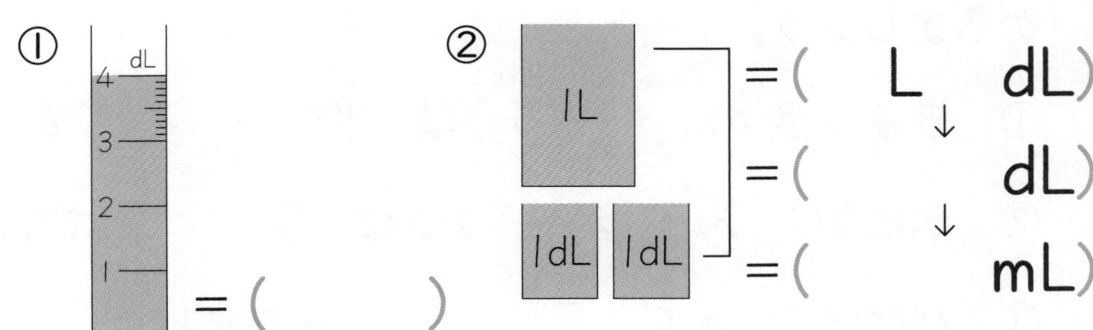

1 L＝10 dL＝1000 mL　1 dL＝100 mL

② つぎの　計算(けいさん)を　しましょう。

① 2dL＋4dL＝

② 8dL－3dL＝

③ 5L3dL＋1L2dL＝

④ 6L8dL－3L4dL＝

⑤ 700mL＋300mL＝　　　mL＝　　　L

⑥ 1L－400mL＝

⑦ 4L320mL＋2L180mL＝　　L　　mL
＝　　L　　dL

⑧ 5L530mL－3L480mL＝　　L　　mL

まとめテスト　月　日 名前

まとめ ⑲

水の　かさ

1 かさの　たんい　（L、dL、mL）を　かきましょう。（1もん5点／20点）

① きゅう食（しょく）の　牛（ぎゅう）にゅうは　200（　　）です。

② 水とうに　入る　水の　かさは　8（　　）です。

③ バケツに　水を　5（　　）入れました。

④ 1L＝10（　　）＝1000（　　）です。

2 つぎの　計算（けいさん）を　しましょう。（1もん5点／20点）

① 3L＋4L＝

② 7dL＋8dL＝

③ 40mL＋60mL＝

④ 3L 2dL＋4L 2dL＝

3 1L5dLの　ペットボトルの　お茶（ちゃ）と　2dLの　紙（かみ）パックの　お茶が　あります。お茶は　ぜんぶで　何（なん）L何dL　ですか。（しき5点、答え5点／10点）

しき

答（こた）え

まとめテスト

月　　日 名前

まとめ ⑳

水の かさ

/50点

1 かさの 多(おお)い 方(ほう)に ○を つけましょう。

（1もん5点／20点）

① ( ) 500mL ( ) 25dL

② ( ) 1L ( ) 20dL

③ ( ) 1000mL ( ) 2L

④ ( ) 50mL ( ) 4dL

2 つぎの 計算を しましょう。（1もん5点／20点）

① 5L−2L＝

② 10dL−8dL＝

③ 100mL−20mL＝

④ 3L 8dL−1L 2dL＝

3 1Lの 牛にゅうが あります。200mL のむと、のこりは 何mLですか。

（しき5点、答え5点／10点）

しき

答え

長い　ものの　長さ ①

長さの　はかり方（m）

① m(メートル) の　かき方を　れんしゅう　しましょう。

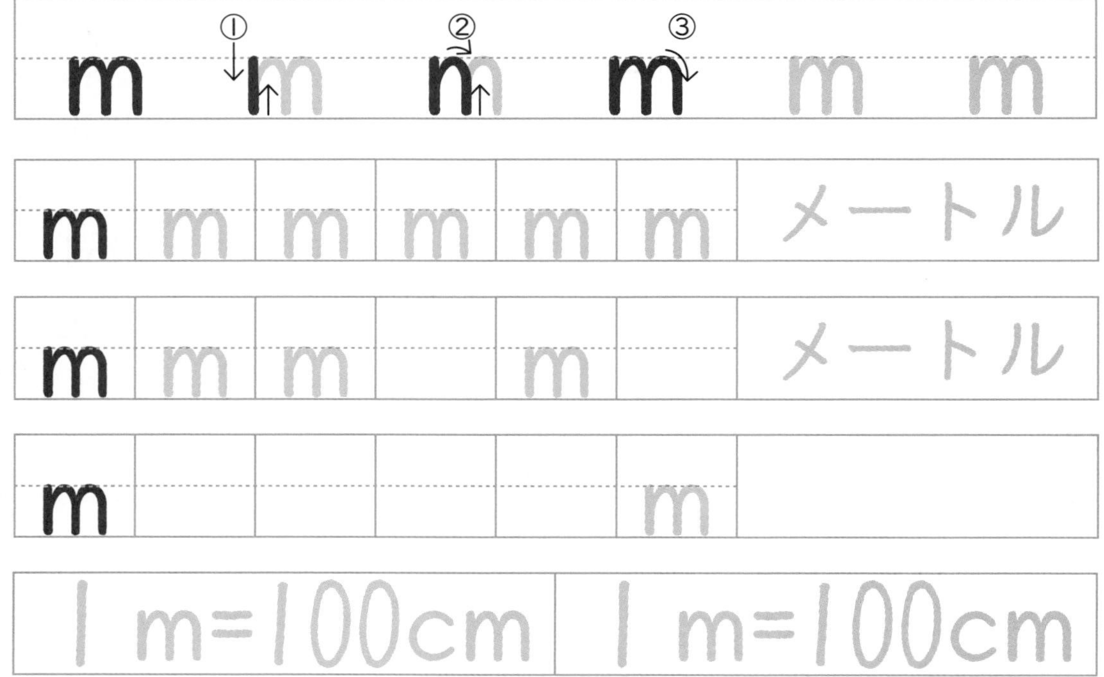

② 何m何cmですか。（1 目もりは　10cmです。）

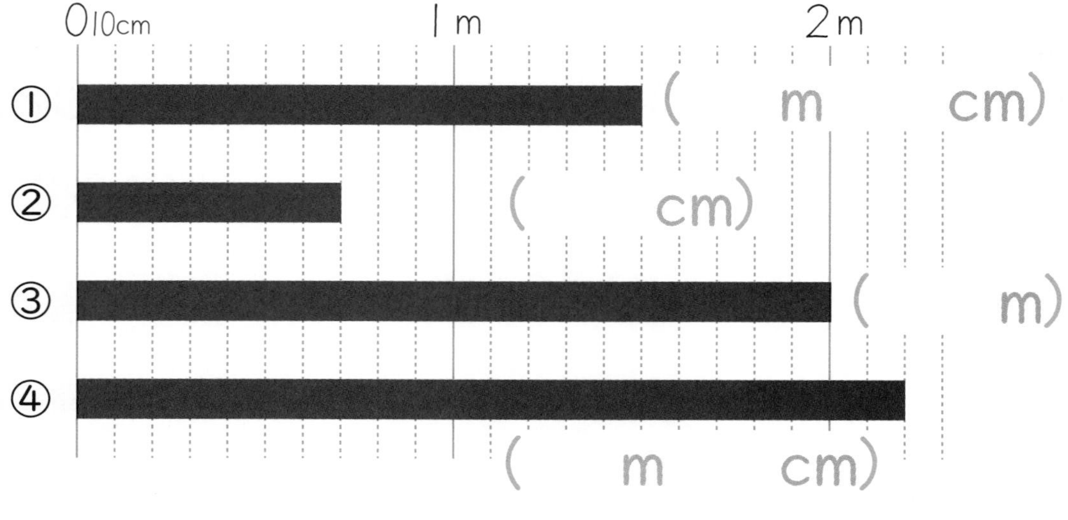

月　　日 名前

長い　ものの　長さ ②

長さの　はかり方（m）

何m何cmですか。（大きな　目もりは　1mです。小さな　目もりは　10cmです。）

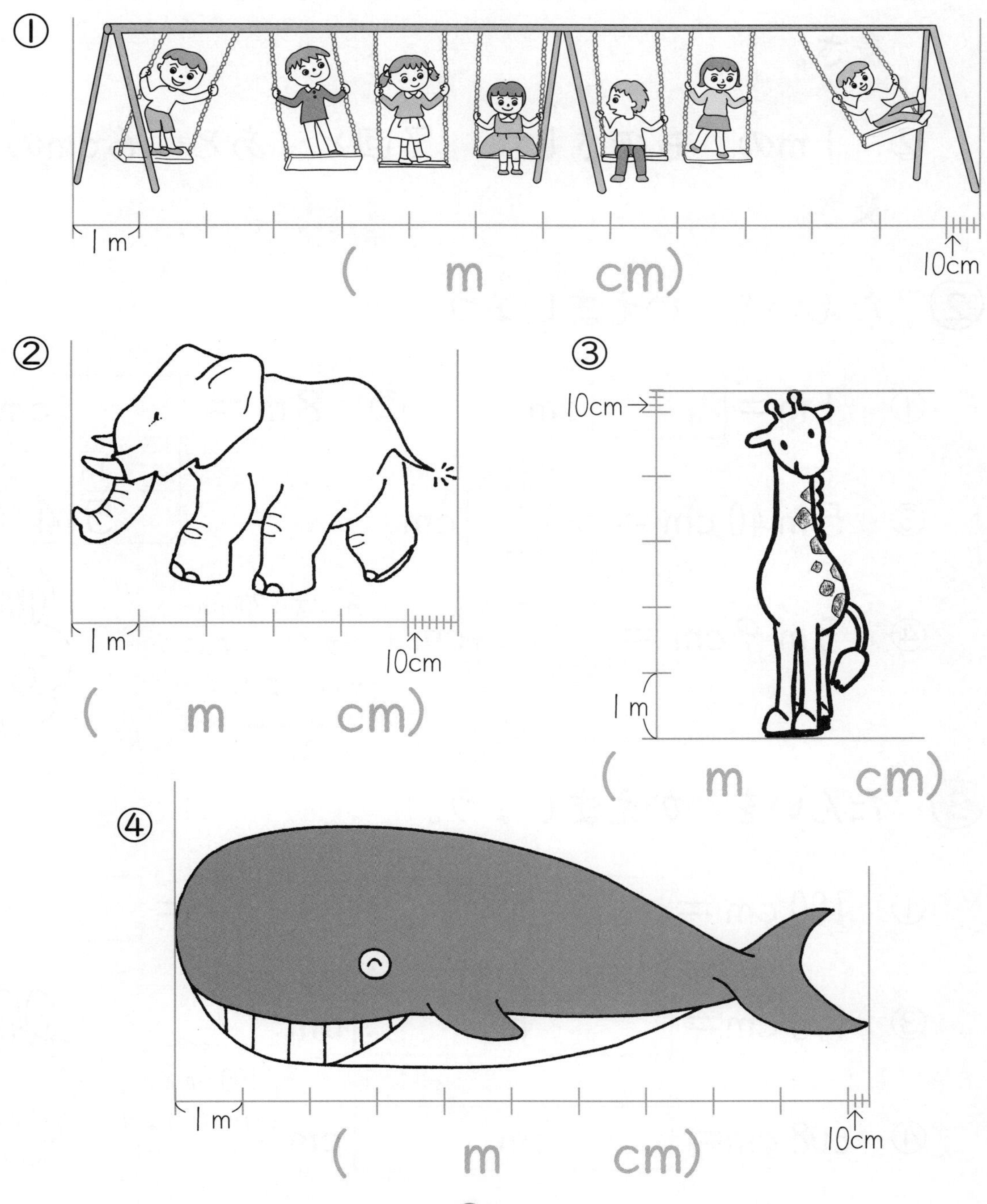

月　　日 名前

長い　ものの　長さ ③

たんいを　かえる

1 つぎの　長さは　何m何cmですか。

① 1mの　ものさしで　1回と、あと　68cmの長さ。　（　　　　　）

② 1mの　ものさしで　7回と、あと　6cmの長さ。　（　　　　　）

2 たんいを　かえましょう。

① 1m＝□cm　　② 8m＝□cm

③ 5m 40cm＝□cm

m		cm	
	5	4	0

④ 3m 9cm＝□cm

3mは　300cm
だから、それに
9cm　たして…

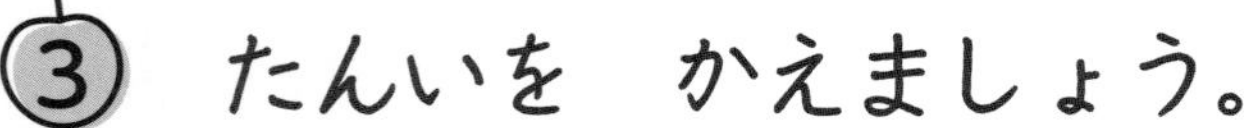

3 たんいを　かえましょう。

① 100cm＝□m　　② 500cm＝□m

③ 175cm＝□m□cm

④ 608cm＝□m□cm

月　　日 名前

長い　ものの　長さ ④

長さの　計算

① つぎの　計算を　しましょう。

① 4m＋3m＝　　　　② 18m＋6m＝

③ 1m＋50cm＝　m　cm

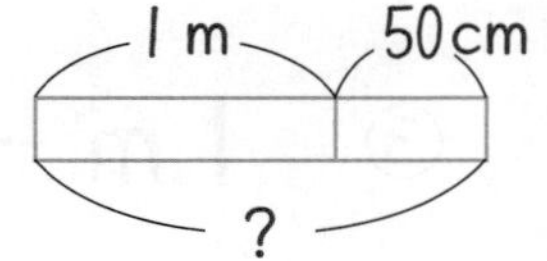

④ 5m 40cm＋3m＝　m　cm

⑤ 7m 10cm＋3m 50cm＝　m　cm

② つぎの　計算を　しましょう。

① 70cm＋50cm＝　cm＝　m　cm

70cm　50cm
120cm

70＋50＝120
1mは　100cmだから
120cmだと　1mと…

ひっ算でも　できるよ

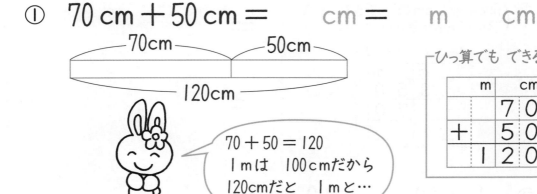

	m	cm	
		7	0
＋		5	0
	1	2	0

② 1m 80cm＋20cm＝　m

③ 5m 70cm＋1m 50cm＝　m　cm

月　　日 名前

長い　ものの　長さ ⑤

長さの　計算

つぎの　計算（けいさん）を　しましょう。

① 8m − 5m ＝　　　② 12m − 7m ＝

③ 1m − 20cm ＝

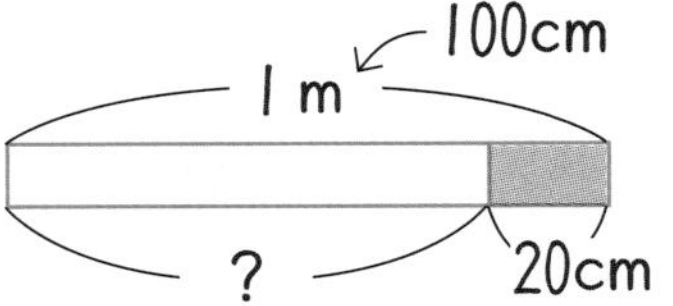

④ 5m 30cm − 4m ＝

⑤ 7m 90cm − 2m 40cm ＝

⑥ 3m 50cm − 70cm ＝　　　cm − 70cm

（50cm−70cmは　できない。3m50cm＝350cmだから）　＝　　　cm

ひっ算でも　できるよ

	m	cm	
	3	5	0
−		7	0
	2	8	0

＝　　m　　cm

⑦ 1m 40cm − 60cm ＝

⑧ 6m 20cm − 3m 90cm ＝

月　　日 名前

長い　ものの　長さ ⑥

長さの　計算

1 □に　あてはまる　長(なが)さの　たんいを　かきましょう。

① プールの　ふかさ　1 □

② ほうきの　長さ　85 □

③ ノートの　あつさ　3 □

④ 黒(こく)ばんの　よこの　長さ　7 □

2 5m 50cm の　白い　テープと　4m 70cm の　赤いテープが　あります。

5m50cm
白

4m70cm
赤

① 2つの　テープを　あわせると　長さは　どれだけですか。

m		cm	

しき

答(こた)え ＿＿＿＿＿＿＿＿

② ちがいは　どれだけですか。

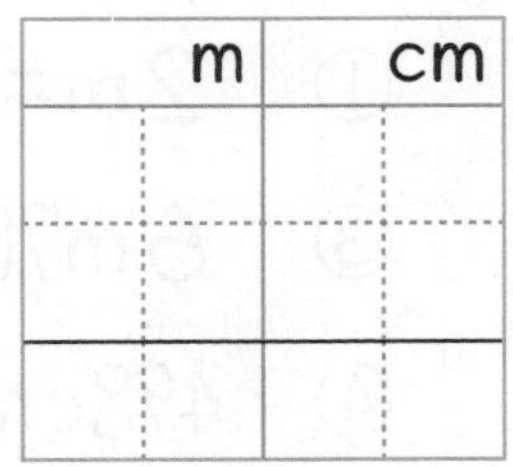

しき

答え ＿＿＿＿＿＿＿＿

まとめテスト　月　日　名前

まとめ ㉑

長い　ものの　長さ

/50点

1 つぎの　長さは　何m何cmですか。（1もん5点／10点）

① 1mの　ものさし　2回と　あと　73cm

（　　m　　cm）

② 1mの　ものさし　1回と　あと　2cm

（　　m　　cm）

2 テープの　長さは　何cm何mmで、それは　何mmですか。（10点）

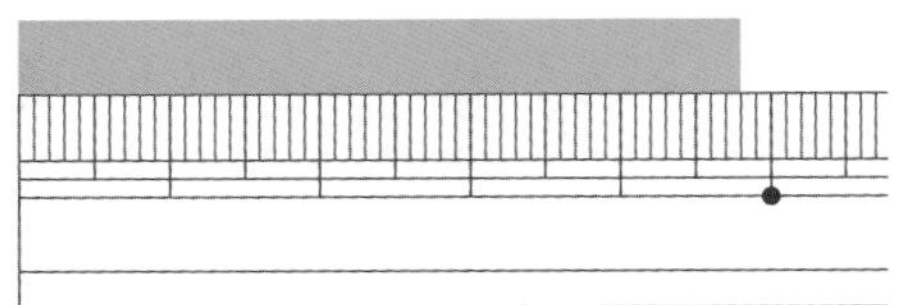

（　　cm　　mm）＝（　　mm）

3 長さの　たんい（m、cm、mm）を　かきましょう。（1もん2点／10点）

① ノートの　あつさ　3（　　）

② つくえの　高さ　65（　　）

③ えんぴつの　長さ　17（　　）

④ プールの　長さ　25（　　）

⑤ 黒ばんの　よこの　長さ　7（　　）

4 （　）に　あてはまる　数を　かきましょう。（1もん5点／20点）

① 2m＝（　　）cm　② 300cm＝（　　）m

③ 6m70cm＝（　　）cm

④ 498cm＝（　　）m（　　）cm

まとめテスト　月　日 名前

まとめ ㉒

長い　ものの　長さ

1　たんいを　かえましょう。（1もん5点／10点）

① 176cm＝(　　　)m(　　　)cm

② 2m 8cm＝(　　　)cm

2　つぎの　計算（けいさん）を　しましょう。（1もん4点／40点）

① 19m＋7m＝

② 15m－8m＝

③ 1m－30cm＝

④ 6m50cm＋2m＝

⑤ 8m20cm＋2m40cm＝

⑥ 4m60cm－50cm＝

⑦ 70cm＋30cm＝　　　cm＝　　　m

⑧ 2m60cm＋40cm＝　　　m

⑨ 3m10cm＋90cm＝　　　m

⑩ 1m80cm－70cm＝

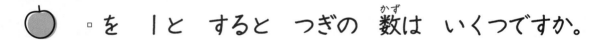

月　　日 名前

10000までの　数 ①

数の　せいしつ

□を　1と　すると　つぎの　数(かず)は　いくつですか。

千のくらい		百のくらい	十のくらい	一のくらい
千のタイルが（　　　）こ		百のタイルが（　　　）こ	十のタイルが（　　　）こ	一のタイルが（　　　）こ
かん字で かくと	にせん（　　）	きゅうひゃく（　　）	はちじゅう（　　）	に（　　）
数字(すうじ)で かくと				

月　　日 名前

10000までの 数 ②

数の せいしつ

つぎの 数を 数字で かきましょう。

① 1000を 3こと、100を 2こと、10を 8こと、1を 5こ あわせた 数。（　　　　）

② 1000を 2こと、100を 8こと、10を 3こ あわせた 数。（　　　　）

③ 1000を 4こと、100を 5こと、1を 7こ あわせた 数。（　　　　）

④ 100を 42こ あつめた 数。（　　　　）

⑤ 10を 980こ あつめた 数。（　　　　）

⑥ 37を 100こ あつめた 数。（　　　　）

⑦ 1000を 10こ あつめた 数。（　　　　）

⑧ 9999より 1 大きい 数。（　　　　）

月　　日　名前

10000までの　数 ③

数の　せいしつ

1 □に　あてはまる　数(かず)を　かきましょう。

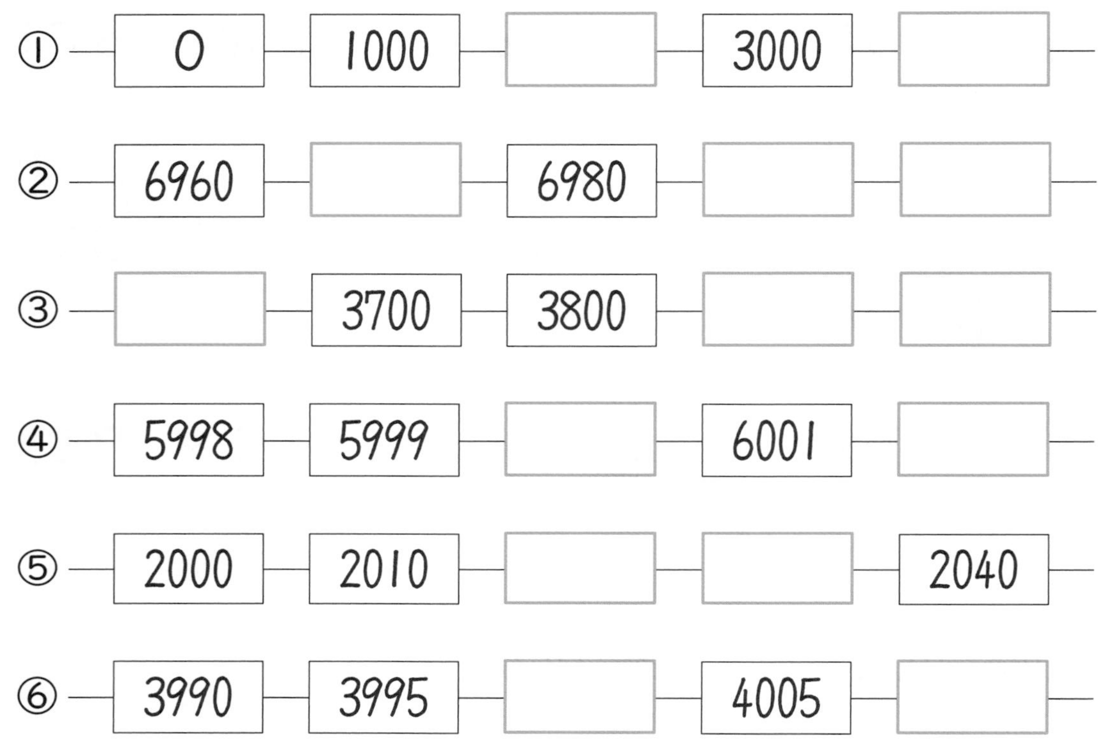

2 つぎの　数を　かきましょう。

① 6599より　1　大きい　数。　（　　　　）

② 7000より　1　小さい　数。　（　　　　）

③ 9990より　10　大きい　数。　（　　　　）

④ 10000より　1　小さい　数。　（　　　　）

10000までの　数 ④

数の　せいしつ

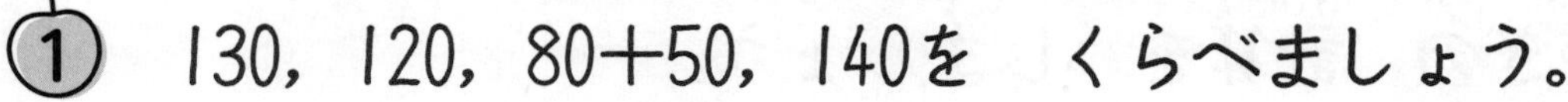

① 130，120，80＋50，140を　くらべましょう。

・130，80＋50は　同(おな)じ　大きさです。

130 ［＝］ 80＋50

・80＋50は　120より　大きいです。

80＋50 ［＞］ 120

・130は　140より　小さいです。

130 ［＜］ 140

② □に　あてはまる　＜，＞，＝を　かきましょう。

① 700 □ 800　　② 567 □ 576

③ 825 □ 699　　④ 632 □ 618

⑤ 700 □ 100＋600　　⑥ 359 □ 358

⑦ 300＋200 □ 400　　⑧ 168 □ 368

⑨ 400 □ 600－300　　⑩ 472 □ 601

⑪ 800－100 □ 500　　⑫ 170－90 □ 90

月　　日 名前

10000までの　数 ⑤

何百・何千の　たし算

1 つぎの　計算(けいさん)を　しましょう。

① 700＋400＝　　② 300＋900＝

③ 400＋800＝　　④ 700＋700＝

⑤ 500＋700＝　　⑥ 900＋800＝

⑦ 4000＋5000＝　　⑧ 2000＋6000＝

⑨ 3000＋6000＝　　⑩ 5000＋5000＝

2 つぎの　計算を　しましょう。

①
	7	0	0
＋	8	0	0

②
	2	0	0
＋	9	0	0

③
	3	0	0	0
＋	4	0	0	0

④
	8	0	0	0
＋	1	0	0	0

⑤
	7	0	0	0
＋	3	0	0	0

⑥
	6	0	0	0
＋	4	0	0	0

月　　日 名前

10000までの　数 ⑥

何百・何千の　ひき算

1 つぎの　計算を　しましょう。

① 600 − 400 ＝　　② 1000 − 200 ＝

③ 1000 − 500 ＝　　④ 1000 − 900 ＝

⑤ 1300 − 500 ＝　　⑥ 1700 − 900 ＝

⑦ 7000 − 2000 ＝　　⑧ 9000 − 6000 ＝

⑨ 10000 − 3000 ＝　　⑩ 10000 − 8000 ＝

2 つぎの　計算を　しましょう。

①	1	3	0	0
−		8	0	0

②	1	5	0	0
−		6	0	0

③	1	0	0	0
−		9	0	0

④	1	0	0	0	0
−		4	0	0	0

⑤	1	0	0	0	0
−		6	0	0	0

⑥	1	0	0	0	0
−		2	0	0	0

まとめテスト　　月　　日　名前

まとめ ㉓

10000までの　数

① つぎの　数(かず)を　数字(すうじ)で　かきましょう。（1もん4点／20点）

① 1000を　5こと　100を　9こと　10を　2こ　あわせた　数。（　　　）

② 100を　8こと　10を　9こ　あわせた　数。（　　　）

③ 100を　64こ　あつめた　数。（　　　）

④ 10を　790こ　あつめた　数。（　　　）

⑤ 52を　100こ　あつめた　数。（　　　）

② □に　あてはまる　数を　かきましょう。（1もん5点／20点）

① ― 840 ― □ ― 860 ― 870 ― □ ―

② ― 796 ― 795 ― □ ― 793 ― □ ―

③ ― 6870 ― □ ― 6890 ― □ ― 6910 ―

④ ― 2000 ― □ ― 4000 ― □ ― 6000 ―

③ つぎの　数を　かきましょう。（1つ5点／10点）

① 7499より　1　大きい　数。（　　　）

② 8000より　1　小さい　数。（　　　）

まとめテスト　月　日 名前

まとめ ㉔

10000までの　数

① □に　あてはまる　<、>、＝を　かきましょう。

（1もん2点／20点）

① 665 □ 656　　② 531 □ 519

③ 704 □ 752　　④ 468 □ 469

⑤ 800 □ 100＋700　　⑥ 200＋400 □ 500

⑦ 300 □ 700－400　　⑧ 592 □ 601

⑨ 900－100 □ 400　　⑩ 180－90 □ 90

② つぎの　計算（けいさん）を　しましょう。

（1もん2点／30点）

① 600＋500＝　　② 800＋700＝

③ 600＋900＝　　④ 200＋800＝

⑤ 3000＋5000＝　　⑥ 2000＋7000＝

⑦ 6000＋4000＝　　⑧ 8000＋2000＝

⑨ 700－300＝　　⑩ 1000－400＝

⑪ 1600－700＝　　⑫ 1800－900＝

⑬ 9000－5000＝　　⑭ 10000－2000＝

⑮ 10000－4000＝

分数 ①

分数とは

もとの　大きさを　同(おな)じ　大きさの　2つに分(わ)けた　1つを　二分(にぶん)の一(いち)と　いい、$\frac{1}{2}$と　あらわします。

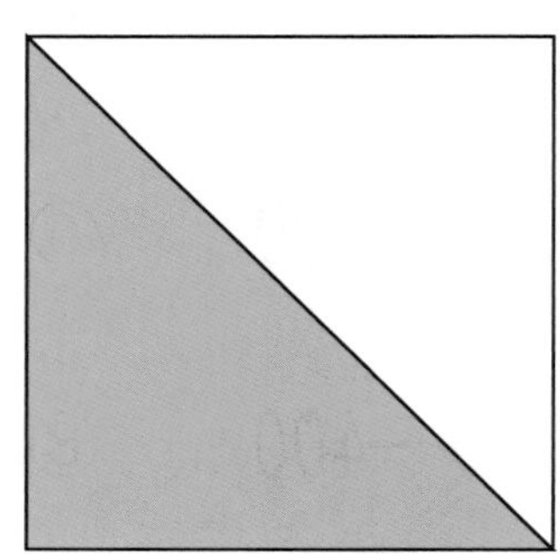

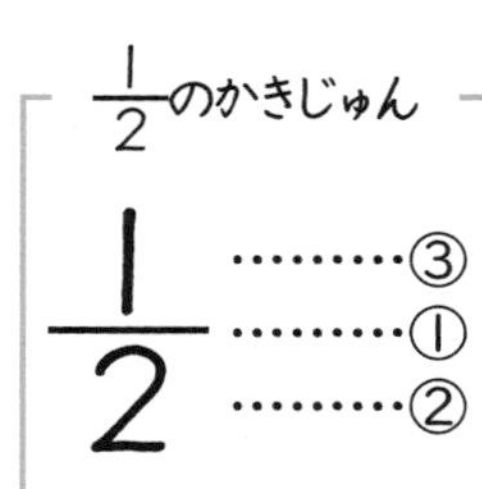

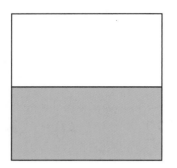

もとの　大きさを　同じ　大きさの　3つに分けた　1つを　三分(さんぶん)の一(いち)と　いい、$\frac{1}{3}$と　あらわします。

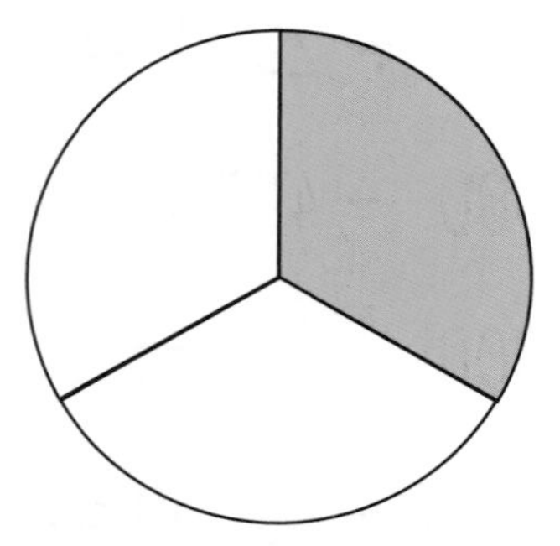

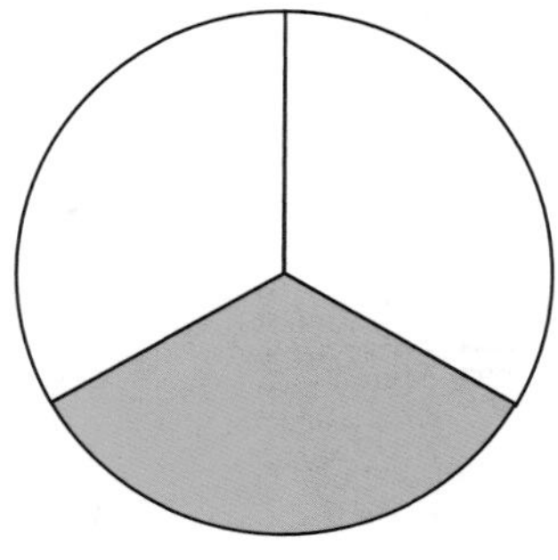

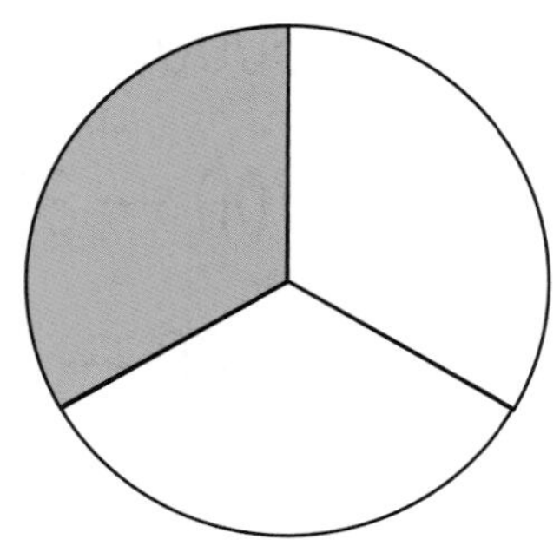

月　　日 名前

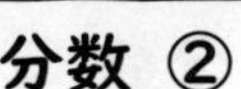

分数 ②

分数とは

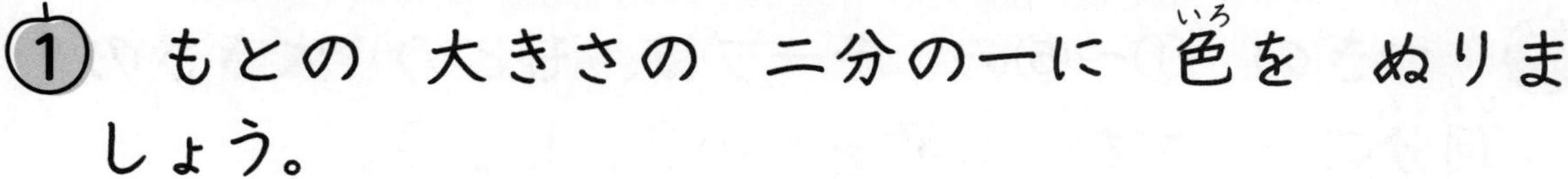

1 もとの　大きさの　二分の一に　色(いろ)を　ぬりましょう。

①

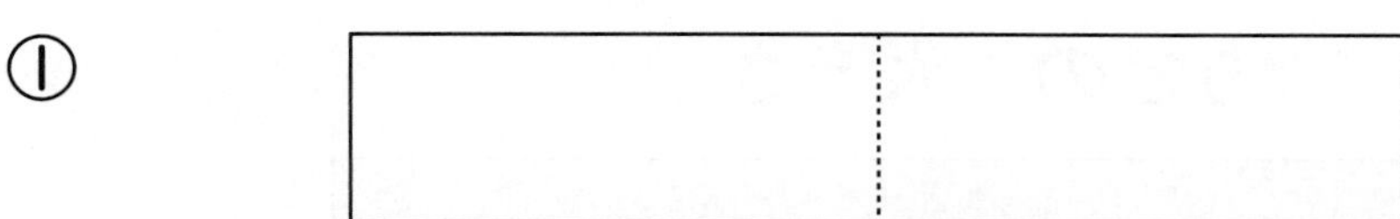

②

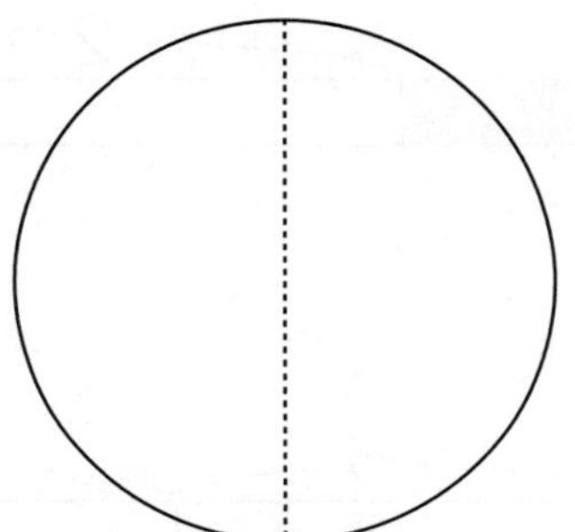

2 もとの　大きさの　三分の一に　色を　ぬりましょう。

①

②

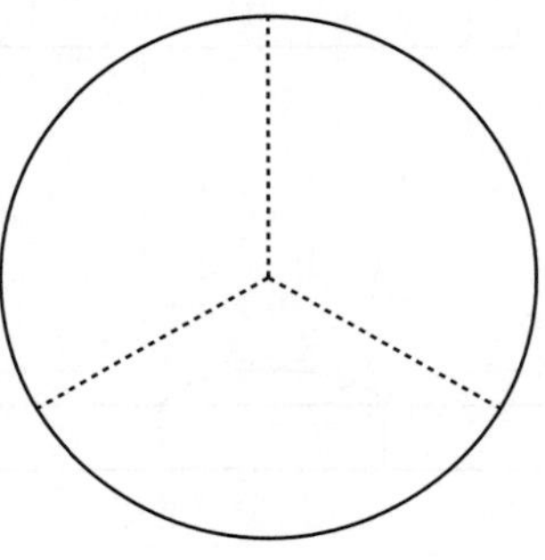

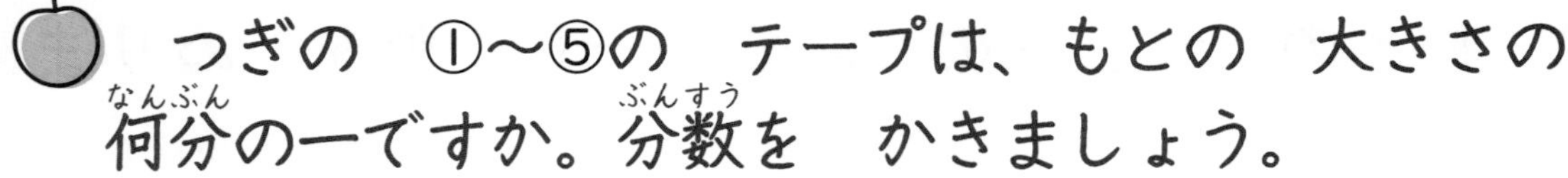

つぎの　①～⑤の　テープは、もとの　大きさの　何分(なんぶん)の一ですか。分数(ぶんすう)を　かきましょう。

もとの　大きさ

① 1つ　2つ → ($\frac{}{2}$)

② 1つ　2つ　3つ → (　　)

③ 1つ　2つ　3つ　4つ → (　　)

④ 1つ　2つ　3つ　4つ　5つ → (　　)

⑤ → (　　)

月　日 名前

分数 ④

分数とは

いたの　チョコレートが　あります。つぎの　①～③は、もとの　大きさの　何分の一ですか。分数を　かきましょう。

もとの　大きさ

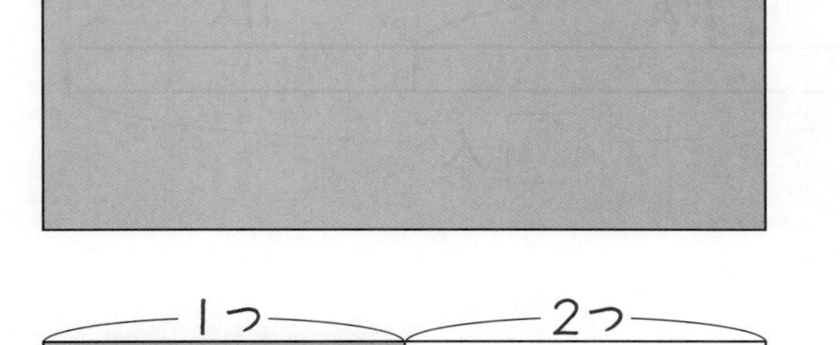

①

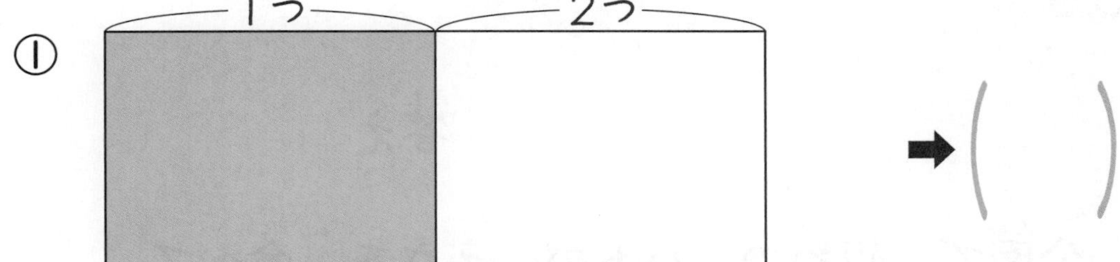

➡（　　）

②

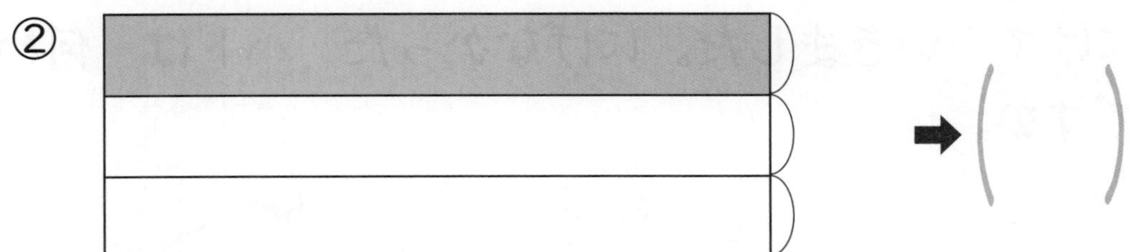

➡（　　）

③

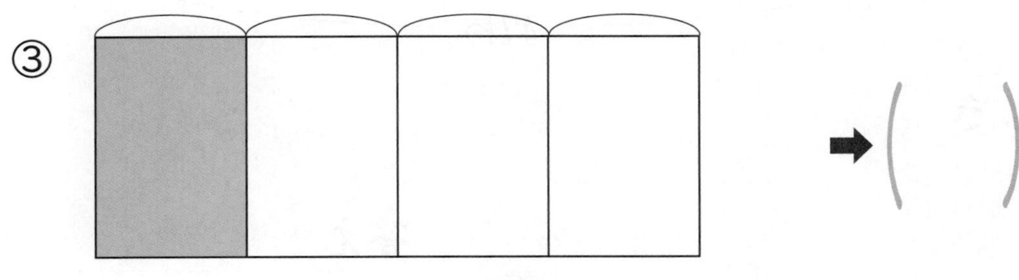

➡（　　）

たすのかな・ひくのかな ①

テープ図

① 女の子が　あそんで　います。はじめに　あそんでいた　女の子のうち　11人が　帰(かえ)って　しまったので　17人に　なって　しまいました。はじめに女の子は　何人(なんにん)　いましたか。

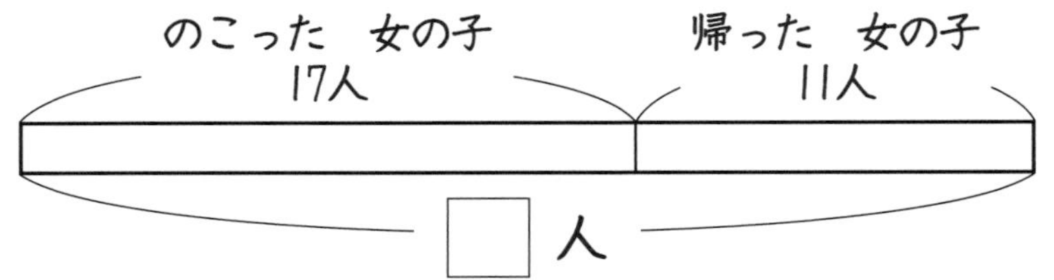

しき

答(こた)え

② 公園(こうえん)で　47わの　ハトが　えさを　食(た)べていました。人が　よこを　通(とお)ったので　15わがにげて　いきました。にげなかった　ハトは　何わですか。

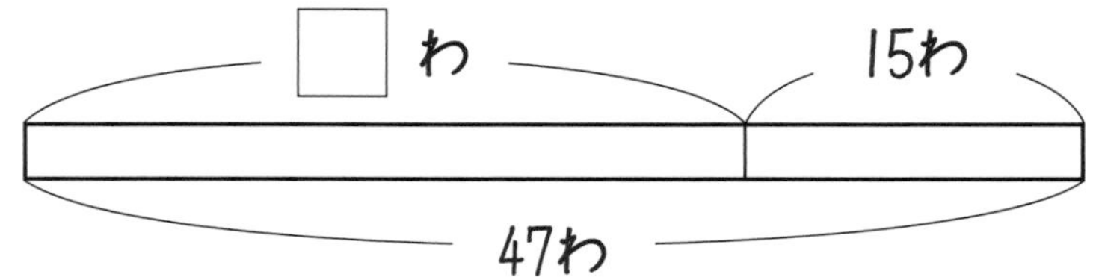

しき

答え

月　　日 名前

たすのかな・ひくのかな ②

テープ図

① ひとみさんは　えんぴつを　21本　もって いました。ともだちに　何本か　もらったので 29本に　なりました。何本　もらいましたか。

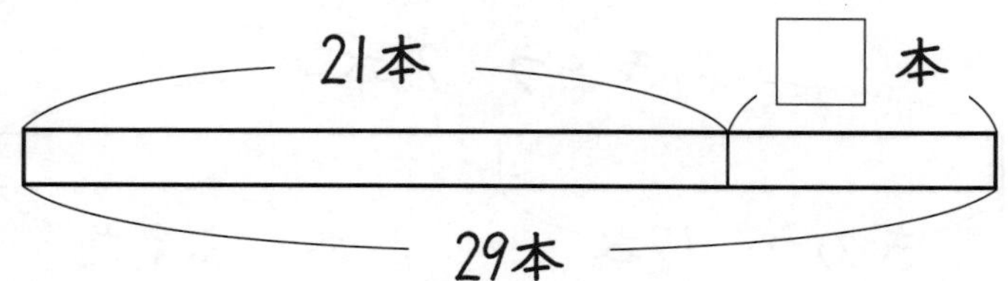

しき

答え

② チューリップの　花が　さきはじめました。
赤が　18本、白は　赤より　5本　多(おお)く さきました。白い　チューリップの　花は　何本 さきましたか。

赤い　チューリップ

白い　チューリップ

5本

しき

答え

たすのかな・ひくのかな ③

テープ図

① きのう、チューリップの　花が　12本　さいて
いました。きょうは　25本　さいていました。
チューリップの　花は　何本（なんぼん）　ふえましたか。

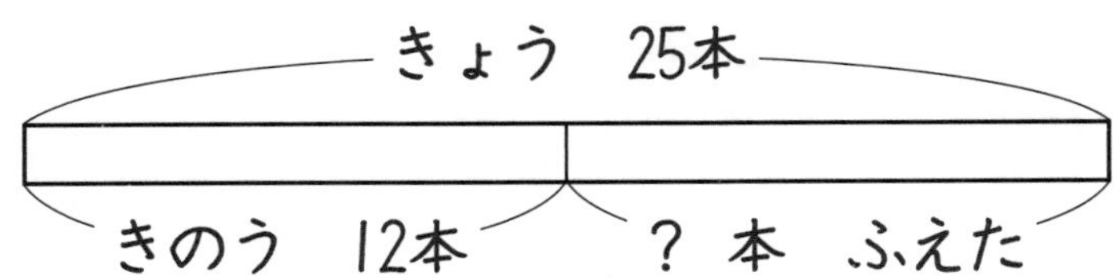

しき

答え（こたえ）

② 子どもに　えんぴつを　40本　くばりました。
のこりの　えんぴつは　20本です。えんぴつは
はじめ　何本　ありましたか。

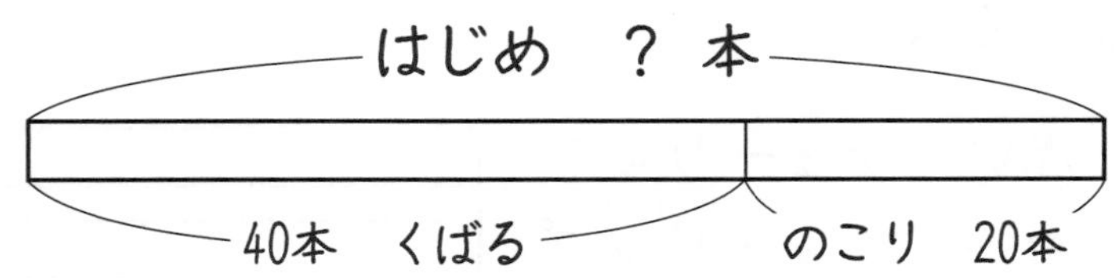

しき

答え

月　　日 名前

たすのかな・ひくのかな ④

テープ図

① どんぐりを　ぼくは　28こ　ひろいました。
兄さんは、ぼくより　9こ　多く　ひろいました。
兄さんは　何こ　ひろましたか。

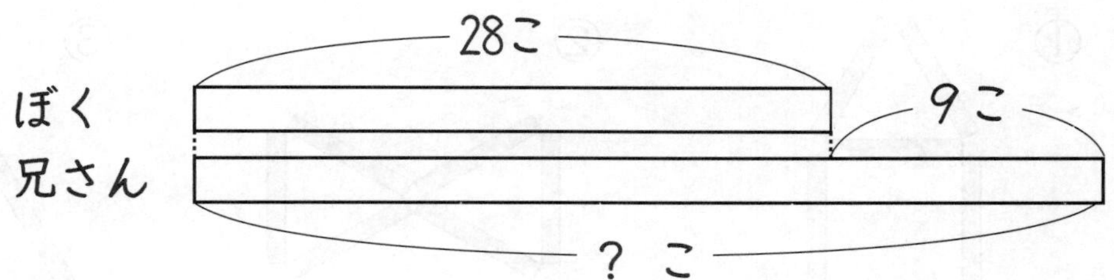

しき

答え

② 1年生は　48人　います。2年生は、1年生より
12人　少ないです。2年生は　何人　いますか。

48人
1年生
2年生
12人
？ 人

しき

答え

月　　日 名前

考える　力を　つける ①

ぼうを　つかって

マッチぼうや　つまようじなどを　つかって　つぎの　形(かたち)を　つくりましょう。それぞれ　何本(なんぼん)　つかいますか。

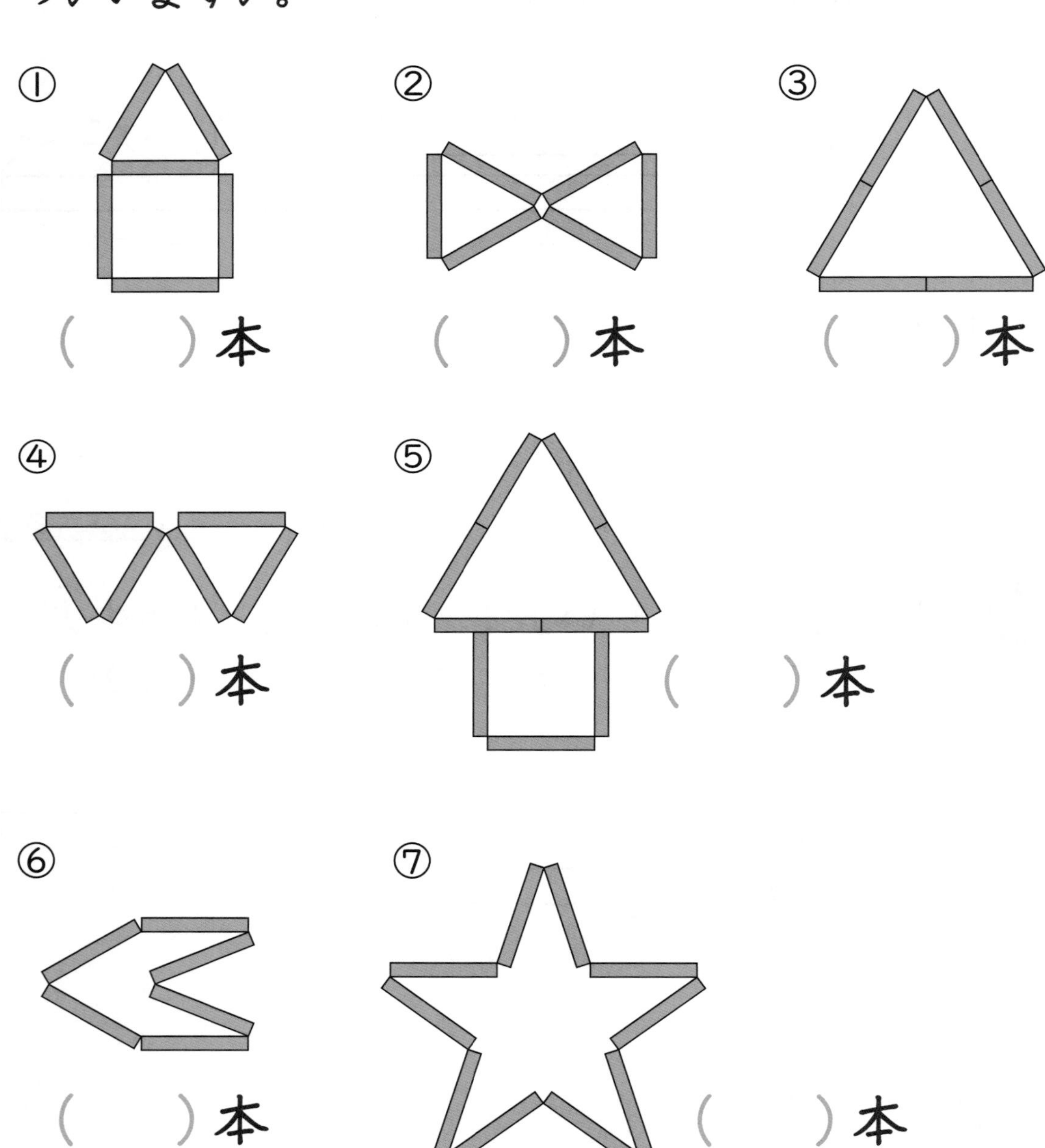

考える　力を　つける ②

タイルを　つかって

つぎの　形は　◢を　何まい　つかうと
できますか。

①

（　　）まい

②

（　　）まい

③

（　　）まい

④

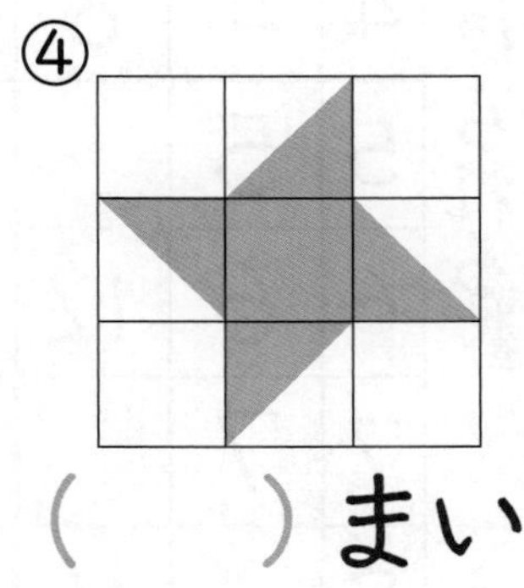

（　　）まい

⑤

（　　）まい

⑥

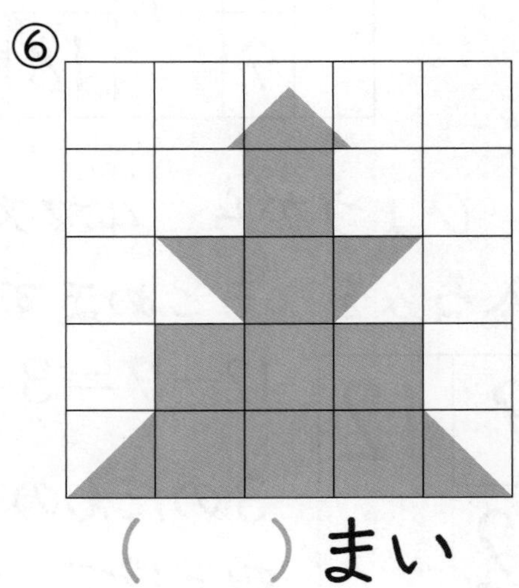

（　　）まい

月　　日 名前

考える　力を　つける ③

九九の　ひょう

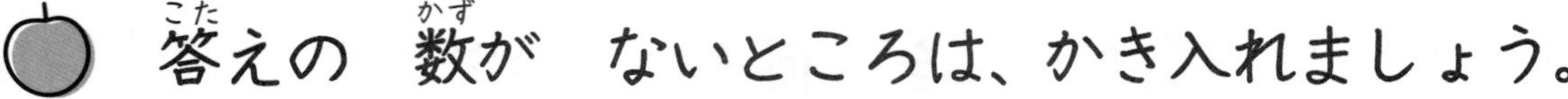

答えの　数が　ないところは、かき入れましょう。

×	かける数									
		1	2	3	4	5	6	7	8	9
かけられる数	1	1	2	3	4	5	6	7		
	2	2	4		8		12		16	18
	3	3		9	12	15	18	21		27
	4	4	8	12	16	20		28	32	
	5	5		15	20	25	30		40	45
	6	6	12	18		30	36	42	48	
	7	7		21	28		42	49	56	63
	8		16		32	40	48	56		
	9		18	27		45		63		

ひょうから　4マスを　とり出しました。□に入る数を　もとめます。

9	12
12	

12－9＝3　3ふえるのは、3のだん！

3のだんの　下は　4のだん

四三12で　つぎは　四四16、□は16！

月　　日　名前

考える　力を　つける ④

九九の　ひょう

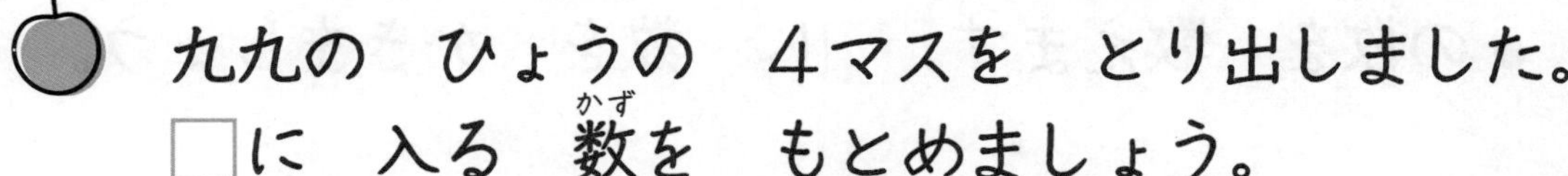

九九の　ひょうの　4マスを　とり出しました。
□に　入る　数を　もとめましょう。

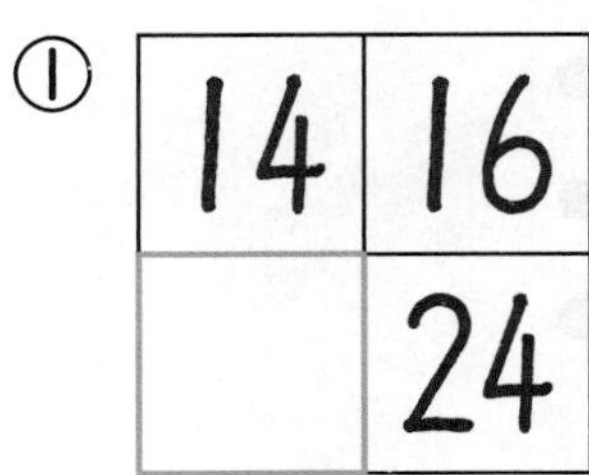

①

14	16
	24

②

	24
25	30

③

14	
16	24

④

42	49
	56

⑤

	10
12	15

⑥

40	
48	54

⑦

12	18	
	21	

⑧

10	12
	24

⑨

	20
18	24

⑩

	42
40	
	54

⑪

35	
42	
	56

⑫

6	
8	12

月　　日 名前

考える　力を　つける ⑤

かけ算の　りよう

●の数(かず)を　数えます。□に　数を　かきましょう。

①

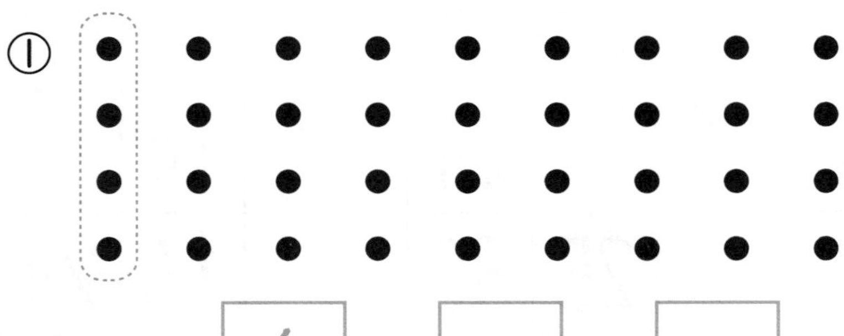

4 × □ = □

②

□ × □ = □

③

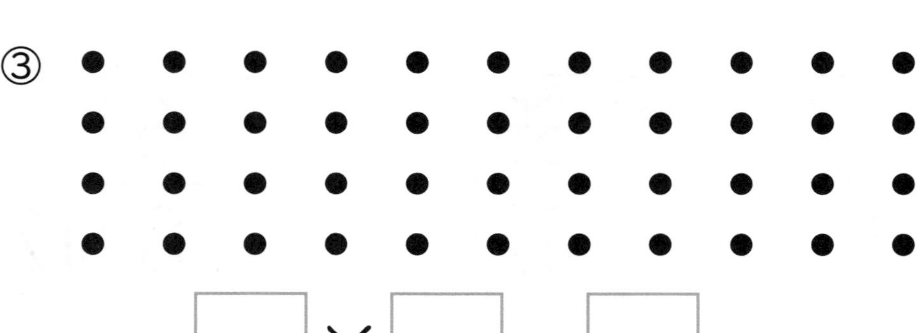

□ × □ = □

考える　力を　つける ⑥

かけ算の　りよう

●の数(かず)を　数えます。□に　数を　かきましょう。

①

□ × 10 ＋ □ × 2 ＝ □ × 12

＝ □

②

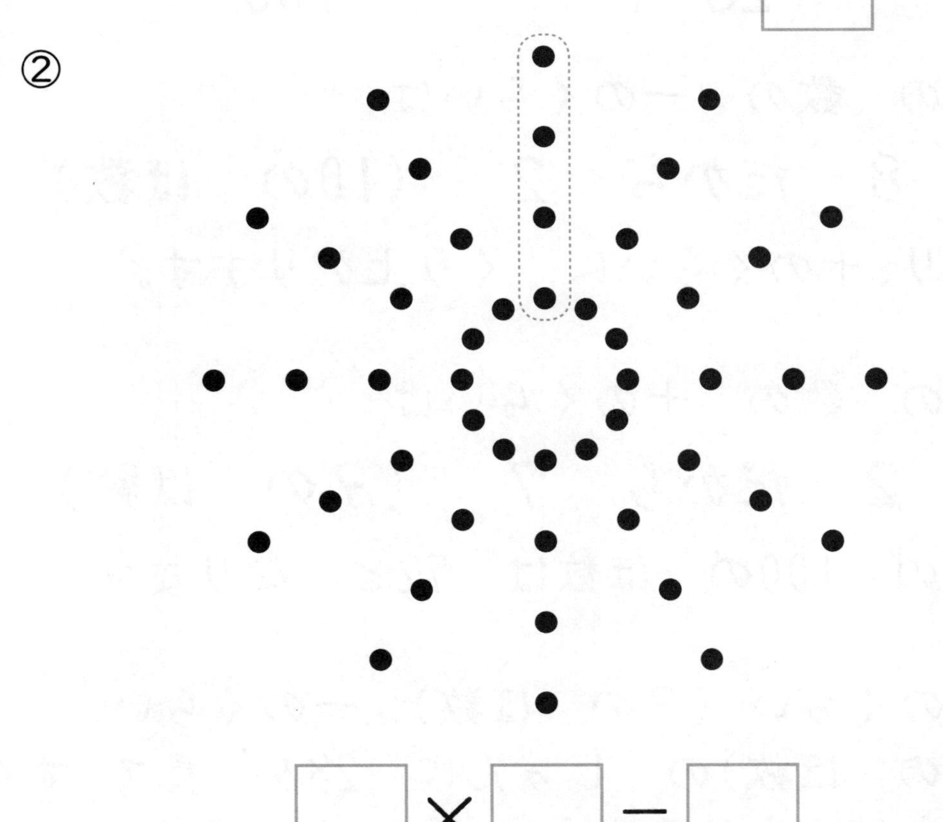

□ × □ ＝ □

月　　日 名前

考える　力を　つける ⑦

100の　ほ数

あわせて　10になる　数を　10の　ほ数と　いいます。たとえば

1　と　9　で　10　、2　と　8　で　10
3　と　7　で　10　、4　と　6　で　10
5　と　5　で　10　、6　と　4　で　10

などです。

ここでは、あわせて　100になる　100の　ほ数を考えます。たとえば

$$28 + \square = 100$$

□の　数の　一のくらいは

8　だから　2　（10の　ほ数）

となり、十のくらいに　くり上がります。

□の　数の　十のくらいは

2　だから　7　（9の　ほ数）

28の　100の　ほ数は　72と　なります。

十のくらい（9の　ほ数）、一のくらい（10の　ほ数）の　じゅんに　28を　見て、すぐ72と　答えられるように　しましょう。

月　　日　名前

考える　力を　つける　⑧

100の　ほ数

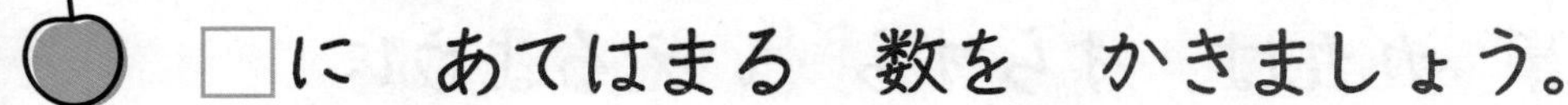

□に　あてはまる　数を　かきましょう。

①　19 ＋ □ ＝ 100	②　26 ＋ □ ＝ 100
③　35 ＋ □ ＝ 100	④　47 ＋ □ ＝ 100
⑤　57 ＋ □ ＝ 100	⑥　66 ＋ □ ＝ 100
⑦　71 ＋ □ ＝ 100	⑧　83 ＋ □ ＝ 100
⑨　91 ＋ □ ＝ 100	⑩　17 ＋ □ ＝ 100
⑪　25 ＋ □ ＝ 100	⑫　36 ＋ □ ＝ 100
⑬　42 ＋ □ ＝ 100	⑭　53 ＋ □ ＝ 100
⑮　61 ＋ □ ＝ 100	⑯　77 ＋ □ ＝ 100
⑰　85 ＋ □ ＝ 100	⑱　97 ＋ □ ＝ 100
⑲　13 ＋ □ ＝ 100	⑳　23 ＋ □ ＝ 100

月　　日 名前

考える　力を　つける ⑨

あなあき　九九

かけ算　九九は、すらすら　いえるように
なりましたか。

① 3 × 6 = □　② 4 × 7 = □

①は　3×6=18、②は　4×7=28　でした。
では、こんな　もんだいは、どうでしょう。

① 3 × □ = 18　② 4 × □ = 28

①は　3のだんの　九九を　となえて
3×1=3、3×2=6、3×3=9
3×4=12、3×5=15、3×6=18
6ですね。

②は　4のだんの　九九を　となえて
4×1=4、4×2=8、4×3=12
4×4=16、4×5=20、4×6=24
4×7=28
7ですね。

これを　あなあき九九と　いいます。
少(すこ)し　れんしゅうを　してみましょう。

月　　日 名前

考える　力を　つける ⑩

あなあき　九九

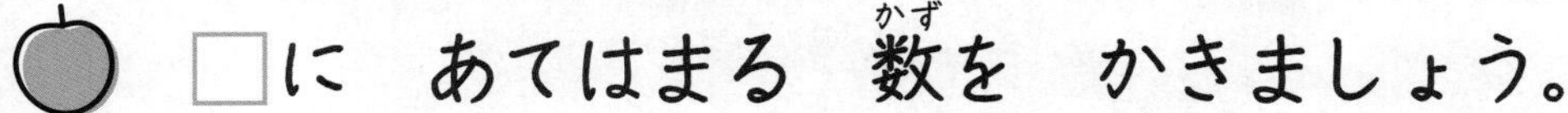

□に　あてはまる　数(かず)を　かきましょう。

① $2 \times \square = 6$

② $7 \times \square = 56$

③ $6 \times \square = 36$

④ $4 \times \square = 28$

⑤ $5 \times \square = 40$

⑥ $8 \times \square = 32$

⑦ $7 \times \square = 49$

⑧ $5 \times \square = 30$

⑨ $5 \times \square = 25$

⑩ $2 \times \square = 10$

⑪ $8 \times \square = 64$

⑫ $8 \times \square = 24$

⑬ $9 \times \square = 63$

⑭ $4 \times \square = 8$

⑮ $9 \times \square = 45$

⑯ $7 \times \square = 63$

⑰ $9 \times \square = 18$

⑱ $3 \times \square = 12$

⑲ $8 \times \square = 16$

⑳ $7 \times \square = 28$

上級算数習熟プリント　小学2年生

2023年３月10日　第１刷　発行

著 者　深澤　英雄

発行者　面屋　洋

企 画　フォーラム・A

発行所　清風堂書店

〒530-0057　大阪市北区曽根崎２-11-16

TEL 06-6316-1460／FAX 06-6365-5607

振 替　00920-6-119910

制作編集担当　蒔田　司郎

表紙デザイン　ウエナカデザイン事務所

※乱丁・落丁本はおとりかえいたします。

学力の基礎をきたえどの子も伸ばす研究会

HPアドレス　http://gakuryoku.info/

常任委員長　岸本ひとみ
事務局　〒675-0032 加古川市加古川町備後 178－1－2－102 岸本ひとみ方 ☎・Fax 0794－26－5133

① めざすもの

私たちは、すべての子どもたちが、日本国憲法と子どもの権利条約の精神に基づき、確かな学力の形成を通して豊かな人格の発達が保障され、民主平和の日本の主権者として成長することを願っています。しかし、発達の基盤ともいうべき学力の基礎を鍛えられないまま落ちこぼれている子どもたちが普遍化し、「荒れ」の情況があちこちで出てきています。

私たちは、「見える学力、見えない学力」を共に養うこと、すなわち、基礎の学習をやり遂げさせることと、読書やいろいろな体験を積むことを通して、子どもたちが「自信と誇りとやる気」を持てるようになると考えています。

私たちは、人格の発達が歪められている情況の中で、それを克服し、子どもたちが豊かに成長するような実践に挑戦します。

そのために、つぎのような研究と活動を進めていきます。

① 「読み・書き・計算」を基軸とした学力の基礎をきたえる実践の創造と普及。
② 豊かで確かな学力づくりと子どもを励ます指導と評価の探究。
③ 特別な力量や経験がなくても、その気になれば「いつでも・どこでも・だれでも」ができる実践の普及。
④ 子どもの発達を軸とした父母・国民・他の民間教育団体との協力、共同。

私たちの実践が、大多数の教職員や父母・国民の方々に支持され、大きな教育運動になるよう地道な努力を継続していきます。

② 会　　員

- 本会の「めざすもの」を認め、会費を納入する人は、会員になることができる。
- 会費は、年 4000 円とし、7 月末までに納入すること。①または②

①郵便振替　口座番号　00920－9－319769
　名　　称　学力の基礎をきたえどの子も伸ばす研究会

②ゆうちょ銀行
　店番099　店名〇九九店（ゼロキュウキュウ）　当座0319769

- 特典　研究会をする場合、講師派遣の補助を受けることができる。
　大会参加費の割引を受けることができる。
　学力研ニュース、研究会などの案内を無料で送付してもらうことができる。
　自分の実践を学力研ニュースなどに発表することができる。
　研究の部会を作り、会場費などの補助を受けることができる。
　地域サークルを作り、会場費の補助を受けることができる。

③ 活　　動

全国家庭塾連絡会と協力して以下の活動を行う。

- 全 国 大 会　全国の研究、実践の交流、深化をはかる場とし、年１回開催する。通常、夏に行う。
- 地域別集会　地域の研究、実践の交流、深化をはかる場とし、年１回開催する。
- 合宿研究会　研究、実践をさらに深化するために行う。
- 地域サークル　日常の研究、実践の交流、深化の場であり、本会の基本活動である。可能な限り月１回の月例会を行う。
- 全国キャラバン　地域の要請に基づいて講師派遣をする。

全国家庭塾連絡会

① めざすもの

私たちは、日本国憲法と子どもの権利条約の精神に基づき、すべての子どもたちが確かな学力と豊かな人格を身につけて、わが国の主権者として成長することを願っています。しかし、わが子も含めて、能力があるにもかかわらず、必要な学力が身につかないままになっている子どもたちがたくさんいることに心を痛めています。

私たちは学力研が追究している教育活動に学びながら、「全国家庭塾連絡会」を結成しました。

この会は、わが子に家庭学習の習慣化を促すことを主な活動内容とする家庭塾運動の交流と普及を目的としています。

私たちの試みが、多くの父母や教職員、市民の方々に支持され、地域に根ざした大きな運動になるよう学力研と連携しながら努力を継続していきます。

② 会　　員

本会の「めざすもの」を認め、会費を納入する人は会員になれる。
会費は年額 1500 円とし（団体加入は年額 3000 円）、7月末までに納入する。
会員は会報や連絡交流会の案内、学力研集会の情報などをもらえる。

事務局　〒564-0041　大阪府吹田市泉町 4－29－13　影浦邦子方　☎・Fax 06－6380－0420
郵便振替　口座番号　00900－1－109969　　名称　全国家庭塾連絡会

上級
算数2年生
習熟プリント
答え

月　　日 名前

ひょうと　グラフ ①

ひょうを　つくる

どうぶつえんの　どうぶつの　数(かず)を　しらべました。

どうぶつの　数を　ひょうに　かきましょう。

リス	ウマ	ウサギ	ハト
5	2	7	10

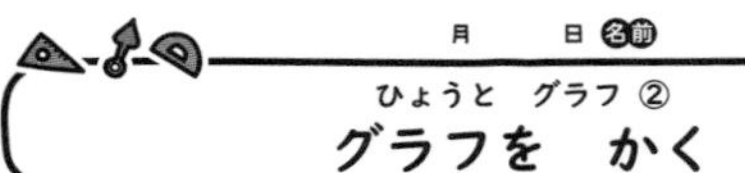

月　　日 名前

ひょうと　グラフ ②

グラフを　かく

左の　ひょうを　見て　答(こた)えましょう。

① どうぶつの　数を　グラフに　あらわしましょう。（どうぶつの　数だけ　○を　つけましょう）

			○
			○
			○
		○	○
		○	○
○		○	○
○		○	○
○		○	○
○	○	○	○
○	○	○	○
リス	ウマ	ウサギ	ハト

② いちばん　多(おお)いのは　何(なん)ですか。

答え　ハト

③ 7ひき　いるのは　何ですか。

答え　ウサギ

④ いちばん　少(すく)ないのは　何ですか。

答え　ウマ

月　　日 名前

ひょうと　グラフ ③

ひょうを　つくる

けんたさんは　1月の　天気しらべを　しました。

1日	2日	3日	4日	5日	6日	7日	8日	9日
雨	晴れ	晴れ	晴れ	くもり	くもり	くもり	晴れ	雨
10日	11日	12日	13日	14日	15日	16日	17日	18日
雨	雨	雨	晴れ	雪	くもり	晴れ	晴れ	雪
19日	20日	21日	22日	23日	24日	25日	26日	27日
雪	雪	くもり	晴れ	くもり	晴れ	晴れ	晴れ	晴れ
28日	29日	30日	31日					
雨	雨	雨	くもり					

晴れ　くもり　雨　雪

晴(は)れ、くもり、雨、雪(ゆき)の　日数(にっすう)を　ひょうに　かきましょう。

1月の　天気しらべ

晴れ	くもり	雨	雪
12	7	8	4

月　　日 名前

ひょうと　グラフ ④

グラフを　かく

左の　ひょうを　見て　答(こた)えましょう。

○			
○			
○			
○			
○		○	
○	○	○	
○	○	○	
○	○	○	
○	○	○	○
○	○	○	○
○	○	○	○
○	○	○	○
晴れ	くもり	雨	雪

① それぞれの　天気の　日数を　○を　つかって　グラフに　あらわしましょう。

② 晴れと　くもりは、どちらが　何(なん)日　多(おお)いですか。

答え　晴れ が　5日　多い

③ 雨と　雪の日の　日数を　合(あ)わせると　何日に　なりますか。

しき　8＋4＝12

答え　12日

まとめテスト　月　日 名前

まとめ ①

ひょうと グラフ

/50点

● ともかさんたちは わなげを しました。1回に 5こずつ なげて、2回の 点数を ひょうに あらわしました。

	ともか	ひろき	あい	のぶゆき
1回目	0	2	3	1
2回目	3	5	2	3
合計点	3	7	5	4

① ひょうに 合計点を かきましょう。(1つ5点／20点)

② 点数が いちばん 多いのは だれの 何回目ですか。(10点)

だれ(ひろき)、何回目(2回目)

③ 合計点が 多い じゅんに 名前を かきましょう。(1つ5点／20点)

(ひろき)→(あい)→(のぶゆき)→(ともか)

まとめテスト　月　日 名前

まとめ ②

ひょうと グラフ

/50点

● 左の ひょうを 見て 答えましょう。

① 4人 ぜんいんで 何点 入りましたか。(しき5点、答え5点／10点)

しき 3＋7＋5＋4＝19

答え 19点

② 合計点を グラフに あらわしましょう。(点数の数だけ ○を つけましょう)(グラフ1つ10点／40点)

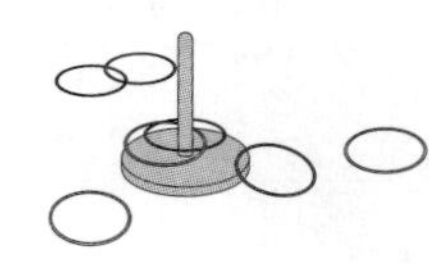

月　日 名前

時こくと 時間 ①

1日の 生活

● けんたさんの 1日の 生活です。午前・午後も 入れた 時こくを かきましょう。

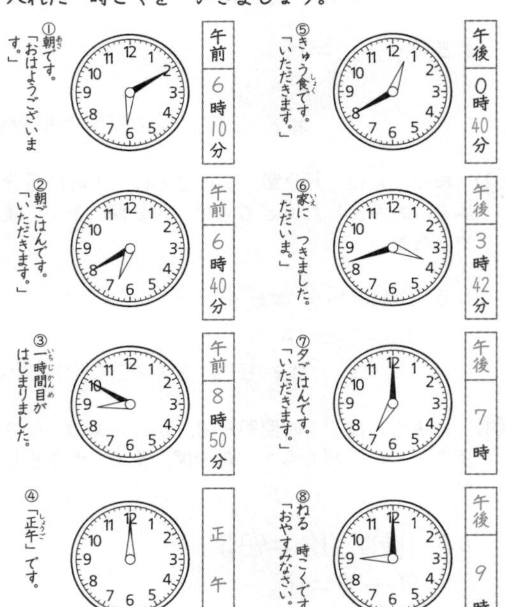

① 朝です。「おはようございます。」　午前6時10分

② 朝ごはんです。「いただきます。」　午前6時40分

③ 一時間目が はじまりました。　午前8時50分

④「正午」です。　正午

⑤ きゅう食です。「いただきます。」　午後0時40分

⑥ 家に つきました。「ただいま。」　午後3時42分

⑦ 夕ごはんです。「いただきます。」　午後7時

⑧ ねる 時こくです。「おやすみなさい。」　午後9時

月　日 名前

時こくと 時間 ②

午前

● 午前のことです。

① 右の 時こくに 学校に つきました。時こくを かきましょう。

答え 午前8時5分

② 40分後に 1時間目が はじまりました。その時こくを かきましょう。

答え 午前8時45分

③ 1時間目は 算数で 45分間です。1時間目が おわる 時こくを かきましょう。

答え 午前9時30分

④ 1時間目の おわりから 10時までは 何分間 ありますか。

答え 30分間

月　日 名前

時こくと　時間 ③

1時間＝60分、1日＝24時間

(　)に　あてはまる　数を　かきましょう。

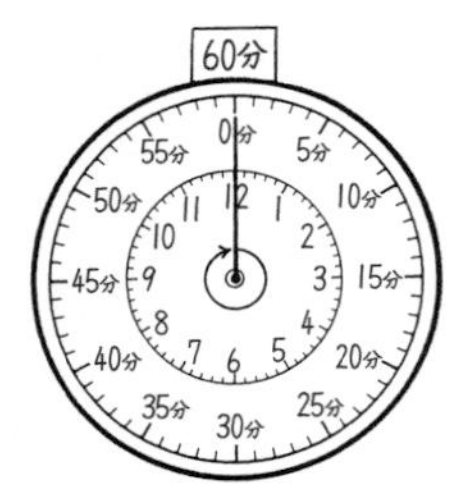

1時間＝60分

60 分＝(　1　)時間
1時間＝(　60　)分

1日＝24時間

24時間＝(　1　)日
1日＝(　24　)時間

午前と午後

むかしは、昼の　12時ごろの　ことを「午のこく」と　いいました。午前は「午のこくより　前」、午後は「午のこくより　後」というい みです。
　正午は「正に　午のこく」という　いみです。

むかしの時間の
あらわしかた

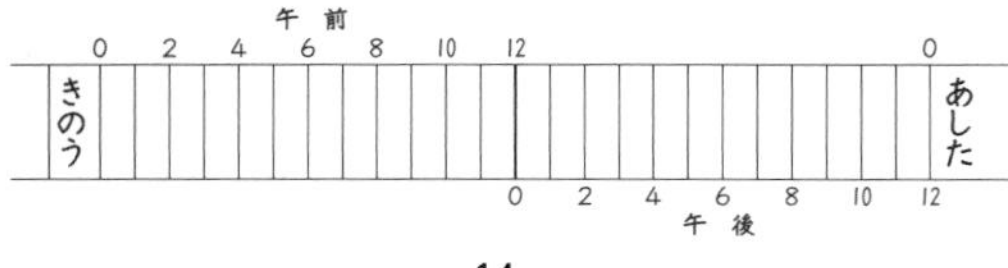

月　日 名前

時こくと　時間 ④

午後

午後の　ことです。

① 右の　時こくに　学校を
出ました。
　その時こくを　かきましょう。

答え　午後3時40分

② 20分後に　家に　つきました。
　その時こくを　かきましょう。

答え　午後4時

③ 家に　ついてから　30分後に　しゅくだいを　おえました。その時こくを　かきましょう。

答え　午後4時30分

④ しゅくだいが　おわってから、6時までは　何時間何分　ありますか。

答え　1時間30分

月　日 名前

時こくと　時間 ⑤

1時間＝60分

1 つぎの　時間を　分に　なおしましょう。

① 1時間

答え　60分

② 2時間

答え　120分

③ 1時間35分

答え　95分

④ 2時間15分

答え　135分

2 つぎの　時間を　何時間何分に　なおしましょう。

① 80分

答え　1時間20分

② 130分

答え　2時間10分

③ 180分

答え　3時間

④ 200分

答え　3時間20分

月　日 名前

時こくと　時間 ⑥

時間の　もんだい

1 小川さんは　70分間、山口さんは　85分間　歩きました。どちらが　何分間　多く　歩きましたか。

しき　85－70＝15

答え　山口さんが15分間多い

2 田中さんは　75分間、山田さんは　1時間5分間本を　読みました。どちらが　何分間　多く　読みましたか。

しき　1時間5分＝65分
75－65＝10

答え　田中さんが10分間多い

3 竹中さんは　1時間30分間、川口さんは　80分間歩きました。どちらが　何分間　多く　歩きましたか。

しき　1時間30分＝90分
90－80＝10

答え　竹中さんが10分間多い

月　日 名前

まとめ ③

時こくと　時間

／50点

1 つぎの　時間を　□に　かきましょう。（1もん5点／10点）

① 1時間10分＝ 70 分

② 1日＝ 24 時間

2 つぎの　図を　見て　（　）に　あてはまる　ことばや　数字を　かきましょう。（( )1つ10点／40点）

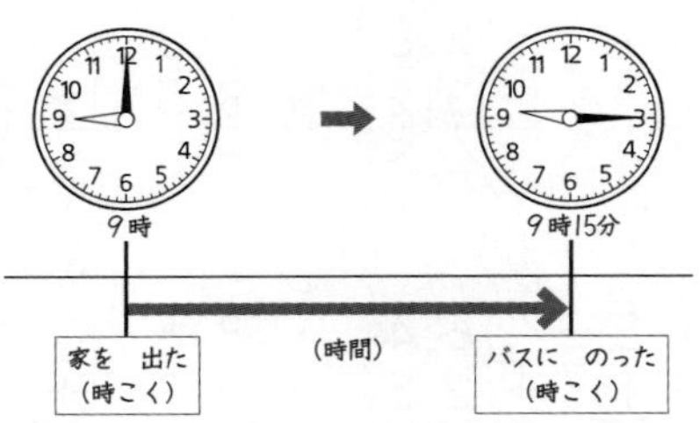

あさひさんが　子ども会の　りょこうに　さんかする　ために　家を出た（① 時こく　）は　（② 9　）時　です。

あさひさんが　家を　出てから　バスに　のるまでに　かかった（③ 時間　）は（④ 15　）分です。

月　日 名前

まとめ ④

時こくと　時間

／50点

1 つぎの　時計は　何時何分ですか。午前、午後を　つけて　（　）に　かきましょう。（1もん5点／10点）

① 朝

（午前8）時（18）分

② 夜

（午後11）時（42）分

2 つぎの　時間を　もとめましょう。（1もん10点／20点）

① 午前7時から　午後10時まで

答え　15時間

② 午前4時15分から　午後6時40分まで

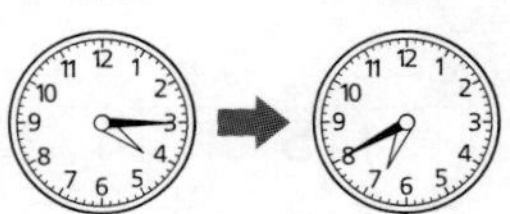

答え　14時間25分

3 今の時こくは、午後3時50分です。つぎの　時こくを　かきましょう。（1もん10点／20点）

① 40分後の　時こく

答え　午後4時30分

② 35分前の　時こく

答え　午後3時15分

月　日 名前

たし算の　ひっ算 ①

2けた＋2けた（くり上がりなし）

1 しおひがりに　行きました。わたしは　貝を　23こ、弟は　16こ　ひろいました。あわせて　何こですか。

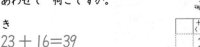

しき

23＋16＝39

答え　39こ

	十のくらい	一のくらい
	2	3
＋	1	6
	3	9

2 ひっ算で　計算しましょう。

① 42＋35

	4	2
＋	3	5
	7	7

② 73＋12

	7	3
＋	1	2
	8	5

③ 64＋15

	6	4
＋	1	5
	7	9

月　日 名前

たし算の　ひっ算 ②

2けた＋2けた（くり上がりなし）

つぎの　計算を　しましょう。

①

	3	6
＋	2	1
	5	7

②

	1	4
＋	6	4
	7	8

③

	4	6
＋	2	3
	6	9

④

	7	0
＋	1	4
	8	4

⑤

	1	2
＋	7	3
	8	5

⑥

	5	1
＋	3	7
	8	8

⑦

	4	2
＋	4	4
	8	6

⑧

	4	2
＋	1	7
	5	9

⑨

	2	4
＋	7	2
	9	6

⑩

	1	1
＋	4	6
	5	7

⑪

	2	0
＋	1	5
	3	5

⑫

	2	2
＋	2	3
	4	5

⑬

	7	1
＋	2	5
	9	6

⑭

	6	3
＋	2	5
	8	8

⑮

	2	0
＋	6	9
	8	9

⑯

	3	0
＋	4	0
	7	0

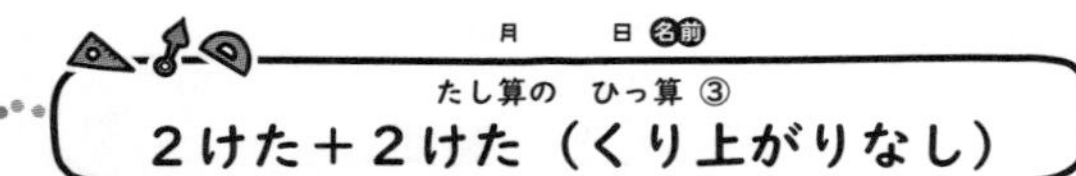

月　日 名前

たし算の ひっ算 ③

2けた＋2けた（くり上がりなし）

つぎの 計算(けいさん)を しましょう。

①	②	③	④
14 ＋72 86	57 ＋12 69	21 ＋48 69	12 ＋73 85
⑤	⑥	⑦	⑧
14 ＋65 79	24 ＋32 56	35 ＋53 88	25 ＋12 37
⑨	⑩	⑪	⑫
15 ＋24 39	42 ＋35 77	33 ＋33 66	53 ＋16 69
⑬	⑭	⑮	⑯
43 ＋36 79	18 ＋51 69	17 ＋71 88	22 ＋16 38

月　日 名前

たし算の ひっ算 ④

2けた＋2けた（くり上がりなし）

つぎの 計算を しましょう。

①	②	③	④
42 ＋36 78	32 ＋25 57	18 ＋11 29	72 ＋17 89
⑤	⑥	⑦	⑧
61 ＋18 79	36 ＋32 68	23 ＋35 58	54 ＋24 78
⑨	⑩	⑪	⑫
15 ＋51 66	64 ＋25 89	36 ＋13 49	40 ＋47 87
⑬	⑭	⑮	⑯
11 ＋43 54	35 ＋12 47	21 ＋23 44	17 ＋42 59

月　日 名前

たし算の ひっ算 ⑤

2けた＋1けた（くり上がりなし）

つぎの 計算(けいさん)を しましょう。

①	②	③	④
65 ＋3 68	24 ＋4 28	16 ＋1 17	52 ＋7 59
⑤	⑥	⑦	⑧
73 ＋3 76	21 ＋2 23	32 ＋3 35	33 ＋5 38
⑨	⑩	⑪	⑫
46 ＋2 48	15 ＋4 19	44 ＋2 46	61 ＋5 66
⑬	⑭	⑮	⑯
73 ＋4 77	68 ＋1 69	14 ＋4 18	41 ＋5 46

月　日 名前

たし算の ひっ算 ⑥

1けた＋2けた（くり上がりなし）

つぎの 計算を しましょう。

①	②	③	④
5 ＋32 37	5 ＋24 29	2 ＋65 67	6 ＋32 38
⑤	⑥	⑦	⑧
5 ＋73 78	6 ＋13 19	6 ＋81 87	1 ＋43 44
⑨	⑩	⑪	⑫
4 ＋21 25	1 ＋37 38	5 ＋74 79	2 ＋87 89
⑬	⑭	⑮	⑯
2 ＋64 66	3 ＋55 58	7 ＋22 29	6 ＋23 29

月　日 名前

たし算の　ひっ算 ⑦

2けた＋2けた（くり上がりあり）

① きのう、いちごを　45こ　とりました。今日は　19こ　とりました。きのうと　今日で　あわせて　何こ　とりましたか。

しき
45＋19＝64

答え　64こ

	＋	－
	4	5
＋	1	9
	6	4

② ひっ算で　計算しましょう。

① 68＋17

	6	8
＋	1	7
	8	5

② 47＋33

	4	7
＋	3	3
	8	0

③ 27＋16

	2	7
＋	1	6
	4	3

月　日 名前

たし算の　ひっ算 ⑧

2けた＋2けた（くり上がりあり）

● つぎの　計算を　しましょう。

①	②	③	④
18	56	28	78
＋75	＋36	＋14	＋12
93	92	42	90

⑤	⑥	⑦	⑧
24	19	36	23
＋68	＋25	＋54	＋49
92	44	90	72

⑨	⑩	⑪	⑫
27	12	33	29
＋35	＋38	＋37	＋52
62	50	70	81

⑬	⑭	⑮	⑯
25	48	49	14
＋27	＋28	＋43	＋67
52	76	92	81

月　日 名前

たし算の　ひっ算 ⑨

2けた＋2けた（くり上がりあり）

● つぎの　計算を　しましょう。

①	②	③	④
53	45	22	13
＋28	＋27	＋28	＋48
81	72	50	61

⑤	⑥	⑦	⑧
67	46	51	36
＋27	＋38	＋39	＋45
94	84	90	81

⑨	⑩	⑪	⑫
38	74	44	39
＋15	＋18	＋16	＋58
53	92	60	97

⑬	⑭	⑮	⑯
54	31	67	37
＋29	＋29	＋16	＋48
83	60	83	85

月　日 名前

たし算の　ひっ算 ⑩

2けた＋2けた（くり上がりあり）

● つぎの　計算を　しましょう。

①	②	③	④
15	52	49	43
＋25	＋38	＋26	＋48
40	90	75	91

⑤	⑥	⑦	⑧
35	55	34	45
＋46	＋25	＋37	＋39
81	80	71	84

⑨	⑩	⑪	⑫
16	66	76	58
＋37	＋18	＋16	＋27
53	84	92	85

⑬	⑭	⑮	⑯
57	68	14	38
＋34	＋25	＋49	＋54
91	93	63	92

月　日 名前

たし算の　ひっ算 ⑪

2けた＋1けた（くり上がりあり）

つぎの　計算(けいさん)を　しましょう。

①	②	③	④
26	18	21	33
＋ 7	＋ 6	＋ 9	＋ 8
33	24	30	41

⑤	⑥	⑦	⑧
56	64	15	37
＋ 7	＋ 7	＋ 6	＋ 8
63	71	21	45

⑨	⑩	⑪	⑫
22	67	73	16
＋ 8	＋ 7	＋ 7	＋ 4
30	74	80	20

⑬	⑭	⑮	⑯
49	34	52	45
＋ 5	＋ 6	＋ 8	＋ 7
54	40	60	52

月　日 名前

たし算の　ひっ算 ⑫

1けた＋2けた（くり上がりあり）

つぎの　計算を　しましょう。

①	②	③	④
2	1	3	7
＋49	＋69	＋28	＋35
51	70	31	42

⑤	⑥	⑦	⑧
4	8	7	9
＋38	＋27	＋19	＋44
42	35	26	53

⑨	⑩	⑪	⑫
4	8	8	4
＋27	＋28	＋24	＋68
31	36	32	72

⑬	⑭	⑮	⑯
6	6	8	9
＋29	＋26	＋53	＋79
35	32	61	88

まとめテスト　月　日 名前

まとめ ⑤

たし算の　ひっ算

／50点

1 つぎの　計算(けいさん)を　しましょう。（1もん3点／24点）

①	②	③	④
23	86	10	24
＋43	＋12	＋58	＋49
66	98	68	73

⑤	⑥	⑦	⑧
53	43	53	7
＋19	＋48	＋ 5	＋62
72	91	58	69

2 つぎの　計算を　ひっ算で　しましょう。（1もん5点／20点）

① 25＋44	② 72＋18	③ 43＋6	④ 2＋90
25	72	43	2
＋44	＋18	＋ 6	＋90
69	90	49	92

3 2年1組(くみ)は　26人、2年2組は　27人　います。
2年生は　みんなで　何人(なんにん)ですか。（しき3点、答え3点／6点）

しき　26＋27＝53

答(こた)え　53人

まとめテスト　月　日 名前

まとめ ⑥

たし算の　ひっ算

／50点

1 64＋25の　答えは　89です。33＋56の　答えも　89です。ほかに　答えが　89に　なる　しきを　かきましょう。（1もん5点／30点）

（れい）

① 64＋25＝89　② 33＋56＝89

③ 13＋76＝89　④ 45＋44＝89

⑤ 27＋62＝89　⑥ 59＋30＝89

2 答えが　80より　大きくなる　しきは　どれと　どれですか。（1もん5点／10点）

㋐ 56＋42　㋑ 44＋13　㋒ 17＋52

㋓ 40＋42　㋔ 20＋56　㋕ 61＋17

（㋐）（㋓）

3 68円の　グミと、21円の　あめを　買(か)うと　何円に　なりますか。（しき5点、答え5点／10点）

しき　68＋21＝89

答え　89円

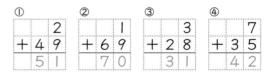

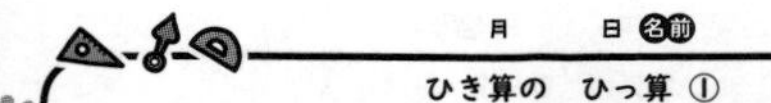

月　日 名前

ひき算の　ひっ算 ①

2けた－2けた（くり下がりなし）

① 2年生の　人数(にんずう)は　68人で、そのうち男の子は　34人です。
女の子は　何人(なんにん)ですか。

しき　68－34＝34

	＋	－
	6	8
－	3	4
	3	4

答(こた)え　34人

② ひっ算(さん)で　計算(けいさん)しましょう。

① 43－31

	4	3
－	3	1
	1	2

② 64－22

	6	4
－	2	2
	4	2

③ 96－60

	9	6
－	6	0
	3	6

月　日 名前

ひき算の　ひっ算 ②

2けた－2けた（くり下がりなし）

つぎの　計算を　しましょう。

①	②	③	④
65	87	76	68
－52	－15	－35	－42
13	72	41	26

⑤	⑥	⑦	⑧
77	38	98	59
－10	－23	－46	－31
67	15	52	28

⑨	⑩	⑪	⑫
85	99	96	95
－54	－35	－26	－75
31	64	70	20

⑬	⑭	⑮	⑯
58	59	27	94
－17	－29	－17	－21
41	30	10	73

月　日 名前

ひき算の　ひっ算 ③

2けた－2けた（くり下がりなし）

つぎの　計算(けいさん)を　しましょう。

①	②	③	④
64	45	59	38
－33	－22	－18	－27
31	23	41	11

⑤	⑥	⑦	⑧
46	33	57	68
－25	－12	－44	－32
21	21	13	36

⑨	⑩	⑪	⑫
22	58	29	74
－11	－15	－12	－32
11	43	17	42

⑬	⑭	⑮	⑯
57	35	48	99
－42	－23	－35	－14
15	12	13	85

月　日 名前

ひき算の　ひっ算 ④

2けた－2けた（くり下がりなし）

つぎの　計算を　しましょう。

①	②	③	④
98	25	55	49
－94	－23	－51	－48
4	2	4	1

⑤	⑥	⑦	⑧
49	18	34	59
－43	－12	－31	－57
6	6	3	2

⑨	⑩	⑪	⑫
26	63	47	19
－24	－62	－45	－16
2	1	2	3

⑬	⑭	⑮	⑯
87	76	67	69
－86	－73	－64	－65
1	3	3	4

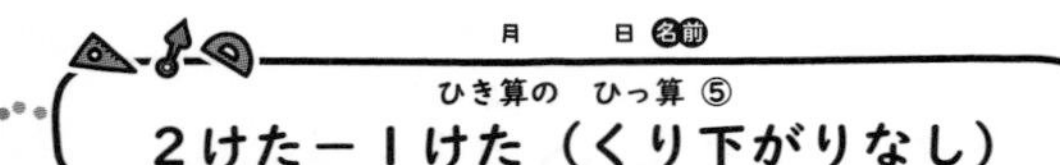

月　日 名前

ひき算の　ひっ算 ⑤

2けた－1けた（くり下がりなし）

つぎの　計算（けいさん）を　しましょう。

①	②	③	④
64	15	59	38
－ 3	－ 2	－ 8	－ 7
61	13	51	31

⑤	⑥	⑦	⑧
46	33	17	68
－ 5	－ 2	－ 4	－ 2
41	31	13	66

⑨	⑩	⑪	⑫
22	58	29	74
－ 1	－ 5	－ 2	－ 2
21	53	27	72

⑬	⑭	⑮	⑯
57	35	48	99
－ 2	－ 3	－ 5	－ 4
55	32	43	95

月　日 名前

ひき算の　ひっ算 ⑥

2けた－1けた（くり下がりなし）

つぎの　計算を　しましょう。

①	②	③	④
98	25	55	49
－ 4	－ 3	－ 1	－ 8
94	22	54	41

⑤	⑥	⑦	⑧
49	18	34	59
－ 3	－ 2	－ 1	－ 7
46	16	33	52

⑨	⑩	⑪	⑫
26	63	47	19
－ 4	－ 2	－ 5	－ 6
22	61	42	13

⑬	⑭	⑮	⑯
87	76	67	69
－ 6	－ 3	－ 4	－ 5
81	73	63	64

月　日 名前

ひき算の　ひっ算 ⑦

2けた－2けた（くり下がりあり）

① バスに　35人　のって　いましたが、ていりゅうじょで　18人　おりました。
　まだ　バスに　のって　いる　人は　何人（なんにん）ですか。

しき
35－18＝17

答（こた）え　17人

	＋	－
	3 [3→2]	5
－	1	8
	1	7

② ひっ算（さん）で　計算（けいさん）しましょう。

① 44－19

	4 [4→3]	4
－	1	9
	2	5

② 50－24

	5 [5→4]	0
－	2	4
	2	6

③ 95－68

	9 [9→8]	5
－	6	8
	2	7

月　日 名前

ひき算の　ひっ算 ⑧

2けた－2けた（くり下がりあり）

つぎの　計算を　しましょう。

①	②	③	④
70 [7→6]	52 [5→4]	65 [6→5]	62 [6→5]
－13	－35	－27	－43
57	17	38	19

⑤	⑥	⑦	⑧
71 [7→6]	83 [8→7]	72 [7→6]	66 [6→5]
－33	－18	－27	－38
38	65	45	28

⑨	⑩	⑪	⑫
76 [7→6]	97 [9→8]	96 [9→8]	40 [4→3]
－47	－39	－59	－27
29	58	37	13

⑬	⑭	⑮	⑯
95 [9→8]	84 [8→7]	80 [8→7]	98 [9→8]
－19	－56	－29	－49
76	28	51	49

月　日 名前

ひき算の　ひっ算 ⑨

2けた－2けた（くり下がりあり）

つぎの　計算（けいさん）を　しましょう。

① 41 － 19 = 22
② 67 － 19 = 48
③ 56 － 27 = 29
④ 41 － 25 = 16
⑤ 81 － 32 = 49
⑥ 82 － 29 = 53
⑦ 51 － 33 = 18
⑧ 96 － 38 = 58
⑨ 95 － 19 = 76
⑩ 60 － 15 = 45
⑪ 38 － 19 = 19
⑫ 51 － 37 = 14
⑬ 73 － 26 = 47
⑭ 80 － 37 = 43
⑮ 93 － 57 = 36
⑯ 82 － 23 = 59

月　日 名前

ひき算の　ひっ算 ⑩

2けた－2けた（くり下がりあり）

つぎの　計算を　しましょう。

① 87 － 58 = 29
② 61 － 37 = 24
③ 62 － 28 = 34
④ 94 － 17 = 77
⑤ 35 － 16 = 19
⑥ 82 － 36 = 46
⑦ 74 － 58 = 16
⑧ 63 － 15 = 48
⑨ 52 － 34 = 18
⑩ 44 － 25 = 19
⑪ 53 － 38 = 15
⑫ 61 － 26 = 35
⑬ 74 － 49 = 25
⑭ 92 － 45 = 47
⑮ 56 － 29 = 27
⑯ 43 － 24 = 19

月　日 名前

ひき算の　ひっ算 ⑪

2けた－1けた（くり下がりあり）

つぎの　計算（けいさん）を　しましょう。

① 90 － 8 = 82
② 22 － 7 = 15
③ 92 － 4 = 88
④ 82 － 5 = 77
⑤ 84 － 6 = 78
⑥ 31 － 5 = 26
⑦ 94 － 8 = 86
⑧ 72 － 3 = 69
⑨ 73 － 6 = 67
⑩ 41 － 4 = 37
⑪ 25 － 6 = 19
⑫ 58 － 9 = 49
⑬ 86 － 7 = 79
⑭ 53 － 6 = 47
⑮ 97 － 8 = 89
⑯ 80 － 9 = 71

月　日 名前

ひき算の　ひっ算 ⑫

2けた－1けた（くり下がりあり）

つぎの　計算を　しましょう。

① 87 － 8 = 79
② 71 － 4 = 67
③ 22 － 9 = 13
④ 63 － 4 = 59
⑤ 31 － 8 = 23
⑥ 24 － 5 = 19
⑦ 43 － 9 = 34
⑧ 52 － 8 = 44
⑨ 57 － 9 = 48
⑩ 40 － 1 = 39
⑪ 30 － 3 = 27
⑫ 64 － 9 = 55
⑬ 45 － 9 = 36
⑭ 93 － 7 = 86
⑮ 86 － 9 = 77
⑯ 95 － 7 = 88

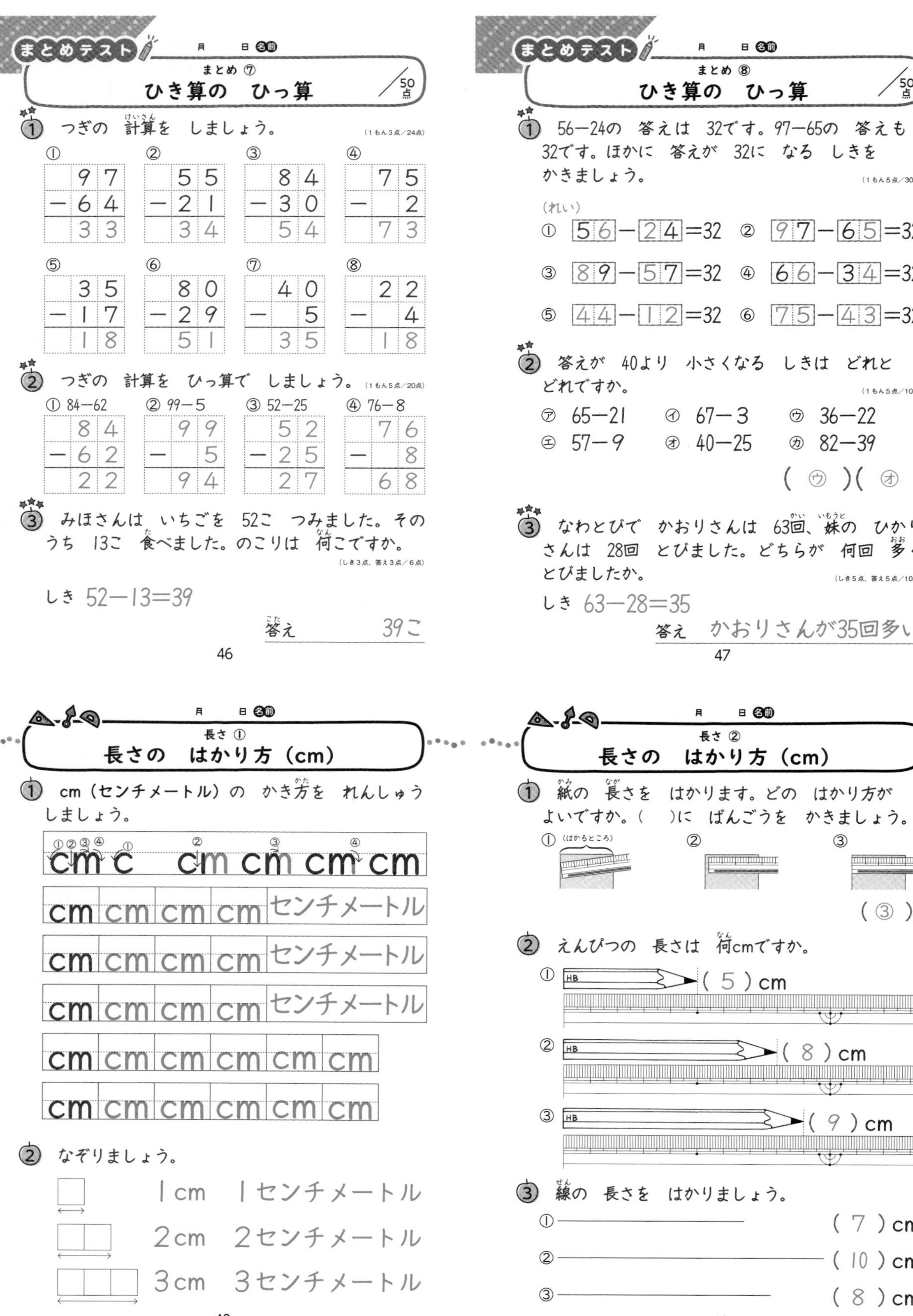

まとめテスト　月　日 名前

まとめ ⑦

ひき算の　ひっ算

50点

1 つぎの　計算を　しましょう。（1もん3点／24点）

① 97−64＝33　② 55−21＝34　③ 84−30＝54　④ 75−2＝73

⑤ 35−17＝18　⑥ 80−29＝51　⑦ 40−5＝35　⑧ 22−4＝18

2 つぎの　計算を　ひっ算で　しましょう。（1もん5点／20点）

① 84−62＝22　② 99−5＝94　③ 52−25＝27　④ 76−8＝68

3 みほさんは　いちごを　52こ　つみました。その　うち　13こ　食べました。のこりは　何こですか。（しき3点、答え3点／6点）

しき 52−13＝39

答え 39こ

46

まとめテスト　月　日 名前

まとめ ⑧

ひき算の　ひっ算

50点

1 56−24の　答えは　32です。97−65の　答えも　32です。ほかに　答えが　32に　なる　しきを　かきましょう。（1もん5点／30点）

（れい）

① 56−24＝32　② 97−65＝32

③ 89−57＝32　④ 66−34＝32

⑤ 44−12＝32　⑥ 75−43＝32

2 答えが　40より　小さくなる　しきは　どれと　どれですか。（1もん5点／10点）

㋐ 65−21　㋑ 67−3　㋒ 36−22

㋓ 57−9　㋔ 40−25　㋕ 82−39

（㋒）（㋔）

3 なわとびで　かおりさんは　63回、妹の　ひかりさんは　28回　とびました。どちらが　何回　多く　とびましたか。（しき5点、答え5点／10点）

しき 63−28＝35

答え かおりさんが35回多い

47

長さ ①　月　日 名前

長さの　はかり方（cm）

1 cm（センチメートル）の　かき方を　れんしゅう　しましょう。

cm c cm cm cm cm

cm cm cm cm センチメートル

cm cm cm cm センチメートル

cm cm cm cm センチメートル

cm cm cm cm cm cm

cm cm cm cm cm cm

2 なぞりましょう。

1cm　1センチメートル

2cm　2センチメートル

3cm　3センチメートル

48

長さ ②　月　日 名前

長さの　はかり方（cm）

1 紙の　長さを　はかります。どの　はかり方が　よいですか。（　）に　ばんごうを　かきましょう。

①（はかるところ）　②　③

（③）

2 えんぴつの　長さは　何cmですか。

①（5）cm

②（8）cm

③（9）cm

3 線の　長さを　はかりましょう。

①（7）cm

②（10）cm

③（8）cm

49

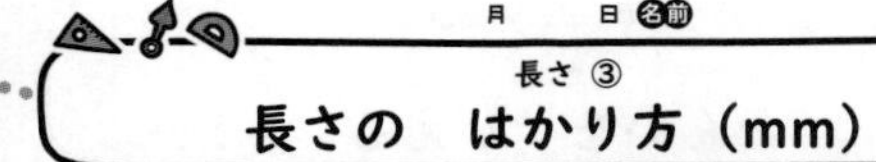

月　日 名前

長さ ③

長さの　はかり方（mm）

ものさしの　小さな　目もりは　１mmで、１ミリメートルと　読みます。
目もり　10こで　１cmになります。だから

１cm＝10mm

です。

● mm（ミリメートル）の　かき方を　れんしゅうしましょう。

mm	mm	mm	mm	ミリメートル
mm	mm	mm	mm	ミリメートル
mm	mm	mm	mm	ミリメートル

mm	mm	mm	mm	mm	mm
mm	mm	mm	mm	mm	mm

月　日 名前

長さ ④

長さの　はかり方（mm）

① 長さは　いくらですか。（大きな　目もりは　１cm、小さな　目もりは　１mmです。）

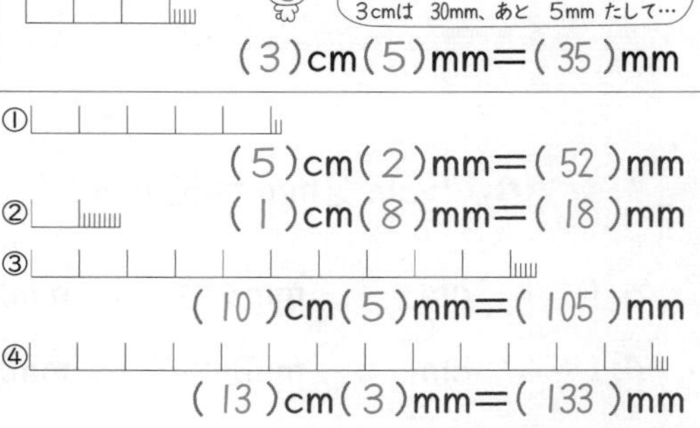

③ （10）cm（5）mm＝（105）mm

④ （13）cm（3）mm＝（133）mm

② えんぴつの　長さを（　）に　かきましょう。

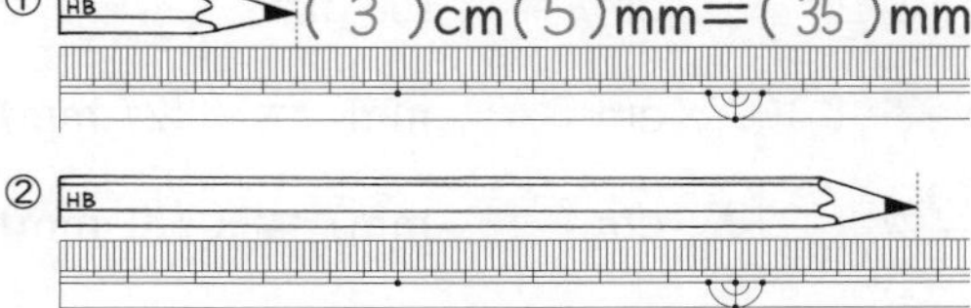

② （12）cm（7）mm＝（127）mm

月　日 名前

長さ ⑤

長さの　はかり方

① 左の　はしから　㋐、㋑、㋒、㋓、㋔までの　長さは　それぞれ　どれだけですか。

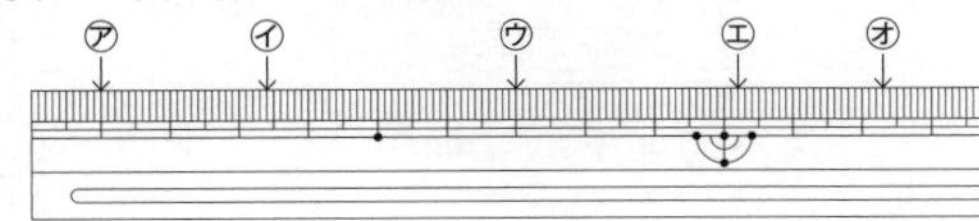

㋐（1　cm）　㋑（3　cm 4 mm）
㋒（7　cm）　㋓（10　cm 2 mm）
㋔（12　cm 3 mm）

② つぎの　長さの　直線（まっすぐな　線）を　├……から　引きましょう。

① 7cm
② 5cm5mm
③ 12cm
④ 10cm7mm
⑤ 82mm

月　日 名前

長さ ⑥

長さの　はかり方

① 長さを　はかりましょう。

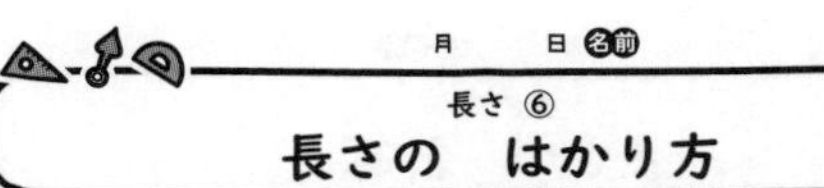

（7　cm）（5 cm 4 mm）

③ （10cm）

④ （13cm 6mm）

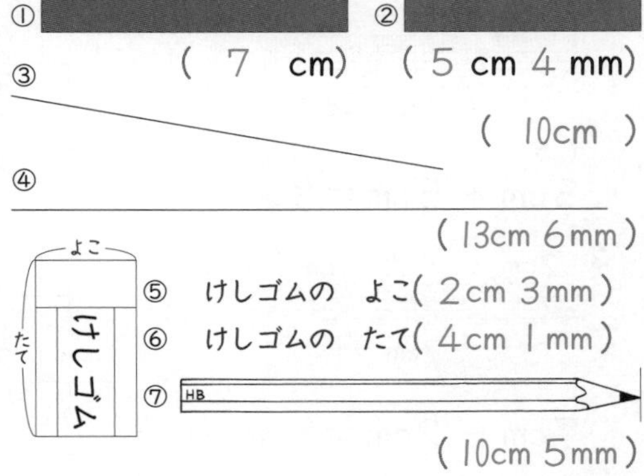

② キツネくんから　9cm7mmの　ところに　たからものが　かくされて　います。さて、どこですか。
・から　・まで　線を　引いて　見つけましょう。

月　　日 名前

長さ ⑦

たんいを　かえる

● 左はしから　㋐、㋑、㋒、㋓、㋔、㋕までの　長さは　何cm何mmですか。また　それは　何mmですか。

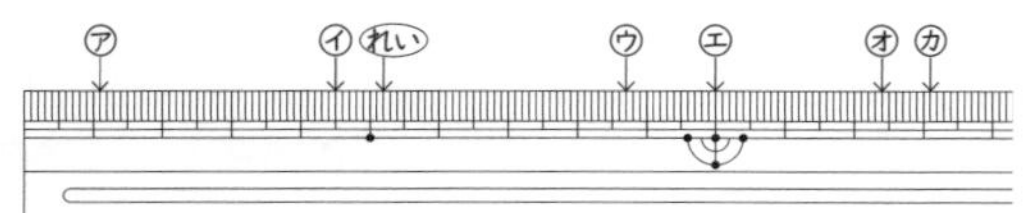

れい 5cm 2mm＝52mm

㋐（　1　cm　1　mm）＝（ 11 mm）

㋑（　4　cm　5　mm）＝（ 45 mm）

㋒（　8　cm　7　mm）＝（ 87 mm）

㋓（　10　cm）＝（ 100 mm）

㋔（　12　cm　4　mm）＝（ 124 mm）

㋕（　13　cm　1　mm）＝（ 131 mm）

月　　日 名前

長さ ⑧

たんいを　かえる

① □に　あてはまる　数を　かきましょう。

① 1cm＝ 10 mm　② 7cm＝ 70 mm

③ 10cm＝ 100 mm

④ 1cm 1mm＝ 11 mm

⑤ 6cm 8mm＝ 68 mm

⑥ 10cm 2mm＝ 102 mm

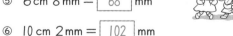

② □に　あてはまる　数を　かきましょう。

① 10mm＝ 1 cm　② 50mm＝ 5 cm

③ 39mm＝ 3 cm 9 mm

④ 84mm＝ 8 cm 4 mm

⑤ 100mm＝ 10 cm

⑥ 125mm＝ 12 cm 5 mm

月　　日 名前

長さ ⑨

長さの　計算

① 長さの　計算を　しましょう。

①
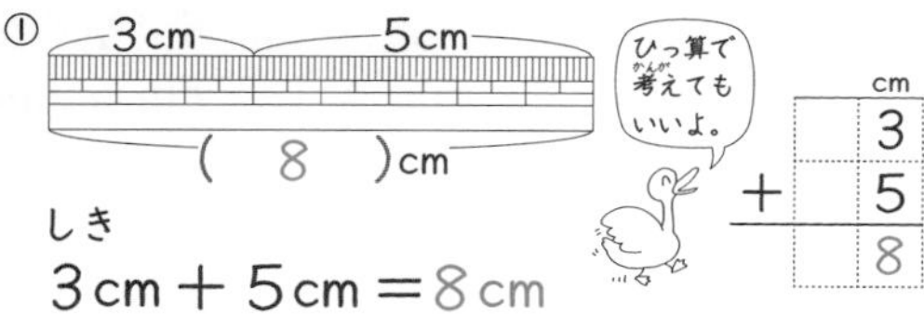

ひっ算で考えてもいいよ。

	cm
	3
＋	5
	8

しき

3cm＋5cm＝8cm

②
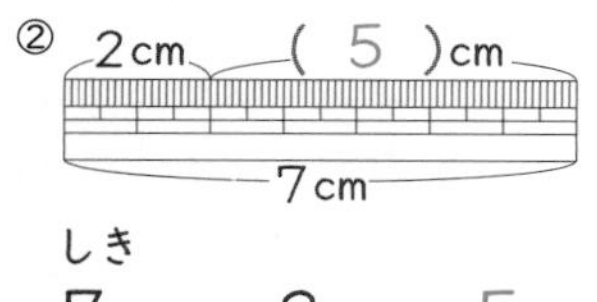

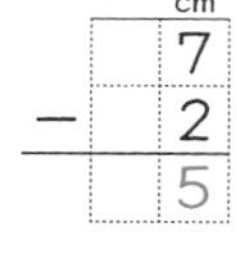

	cm
	7
−	2
	5

しき

7cm−2cm＝5cm

② 長さの　計算を　しましょう。

① 5cm＋8cm＝13cm

② 13cm＋25cm＝38cm

③ 12cm−4cm＝8cm

④ 70cm−9cm＝61cm

月　　日 名前

長さ ⑩

長さの　計算

① 長さの　計算を　しましょう。

①
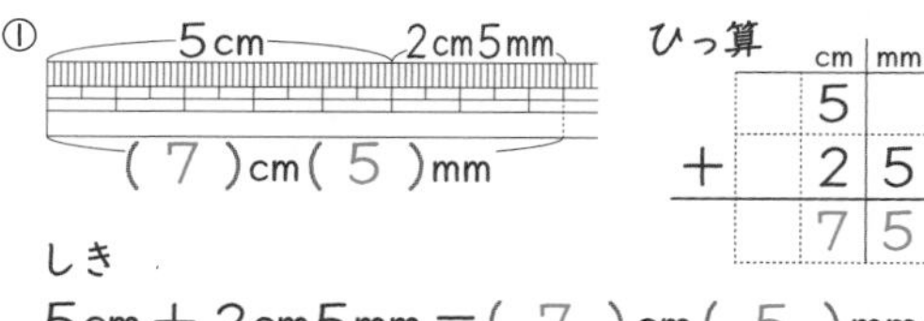

ひっ算

	cm	mm
	5	
＋	2	5
	7	5

しき

5cm＋2cm5mm＝（ 7 ）cm（ 5 ）mm

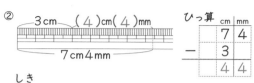

② 3cm　（ 4 ）cm（ 4 ）mm

7cm4mm

ひっ算

	cm	mm
	7	4
−	3	
	4	4

しき

7cm4mm−3cm＝（ 4 ）cm（ 4 ）mm

② 長さの　計算を　しましょう。

① 10cm5mm＋2mm＝10cm7mm

② 8cm3mm＋6cm4mm＝14cm7mm

③ 6cm7mm−5cm2mm＝1cm5mm

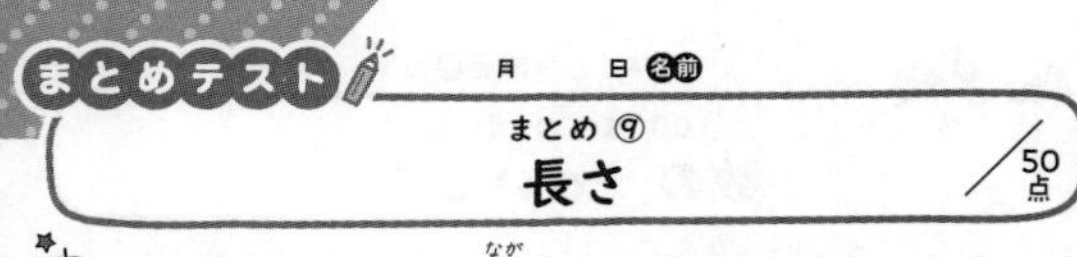

まとめ ⑨

長さ

月　日 名前　　／50点

① つぎの ものの 長さに あてはまる たんいを (　)に かきましょう。（1もん5点／10点）

① えんぴつの 長さ　18（ cm ）
② ノートの あつさ　3（ mm ）

② ものさしの 左はしから ①、②、③、④までの 長さを かきましょう。（1もん5点／20点）

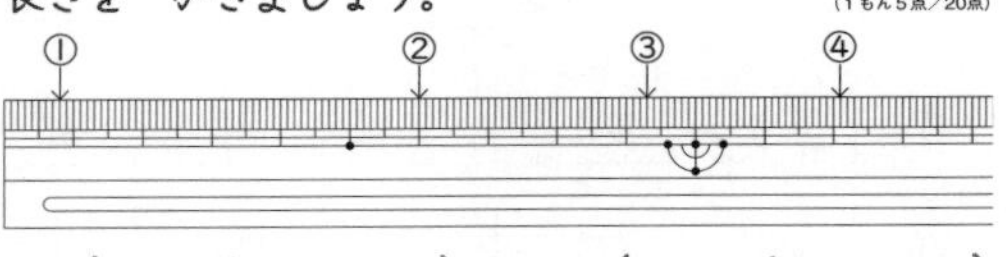

①（ 8mm ）　②（ 6cm ）
③（ 9cm 3mm ）　④（ 12cm 1mm ）

③ つぎの テープの 長さを かきましょう。（1もん5点／20点）

①（ 4cm ）　②（ 6cm 3mm ）
③（ 9cm 4mm ）
④（ 11cm 5mm ）

まとめテスト　月　日 名前

まとめ ⑩

長さ

／50点

① つぎの 長さの たんいを かえましょう。（1もん5点／20点）

① 7cm＝(70 mm)　② 80mm＝(8 cm)
③ 60mm＝(6 cm)　④ 3cm 1mm＝(31 mm)

② つぎの 計算を しましょう。（1もん4点／20点）

① 2cm＋6cm＝8cm
② 9cm－5cm＝4cm
③ 4cm 2mm＋3cm 6mm＝7cm 8mm
④ 8cm 7mm－5cm 3mm＝3cm 4mm
⑤ 7cm－2cm 4mm＝4cm 6mm

③ トランプの たての 長さは 8cm8mm、よこの 長さは 6cm3mmでした。（1もん5点／10点）

① たて、よこ あわせた 長さを 計算 しましょう。
しき 8cm8mm＋6cm3mm＝15cm 1mm
答え 15cm 1mm

② たて、よこの 長さの ちがいを 計算 しましょう。
しき 8cm8mm－6cm3mm＝2cm5mm
答え 2cm 5mm

月　日 名前

1000までの 数 ①

数の せいしつ

● ▫を 1と すると つぎの 数は いくつですか。

	百のくらい	十のくらい	一のくらい
	百のタイルが（ 9 ）こ	十のタイルが（ 8 ）こ	一のタイルが（ 2 ）こ
かん字で かくと	（九百）	（八十）	（二）
数字で かくと	9	8	2

月　日 名前

1000までの 数 ②

数の せいしつ

① つぎの 数を 数字で かきましょう。

① 100を 2こと、10を 8こと、1を 5こ あわせた 数。　2 8 5
② 100を 8こと、10を 3こ あわせた 数。　8 3 0
③ 100を 5こと、1を 7こ あわせた 数。　5 0 7

② つぎの 数は いくつですか。

① 10を 42こ あつめた 数。（ 420 ）
② 10を 98こ あつめた 数。（ 980 ）
③ 430は 10を（ 43 ）こ あつめた 数。
④ 300は 10を（ 30 ）こ あつめた 数。また、100を（ 3 ）こ あつめた 数。
⑤ 700は 100を（ 7 ）こ あつめた 数。
⑥ 1000は 100を（ 10 ）こ あつめた 数。

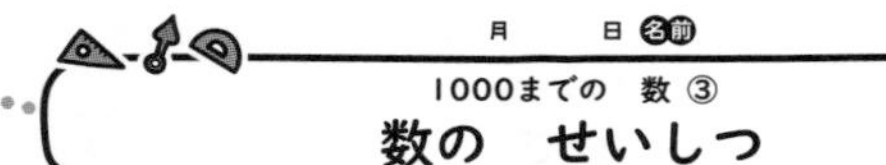

月　日 名前

1000までの 数 ③

数の せいしつ

1 どちらの 数が 大きいですか。大きい 方を かきましょう。

① 495、519

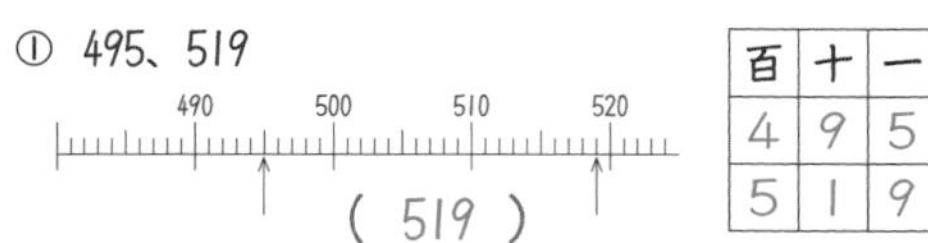

百	十	一
4	9	5
5	1	9

（ 519 ）

② 234、324

百	十	一
2	3	4
3	2	4

（ 324 ）

③ 534、531

百	十	一
5	3	4
5	3	1

（ 534 ）

④ 406、460

百	十	一
4	0	6
4	6	0

（ 460 ）

⑤ 801、799

百	十	一
8	0	1
7	9	9

（ 801 ）

2 つぎの 数を 線に ↑で かきましょう。

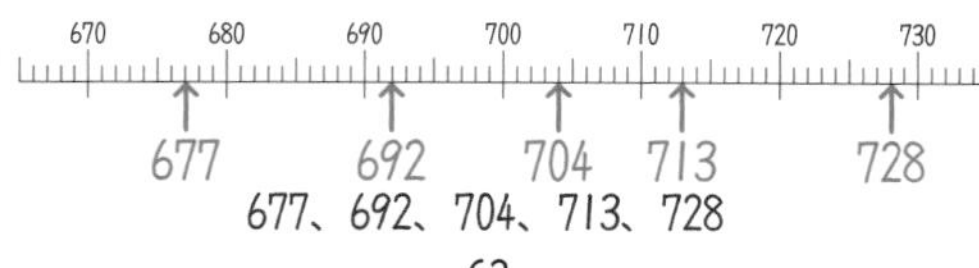

677、692、704、713、728

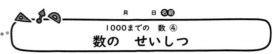

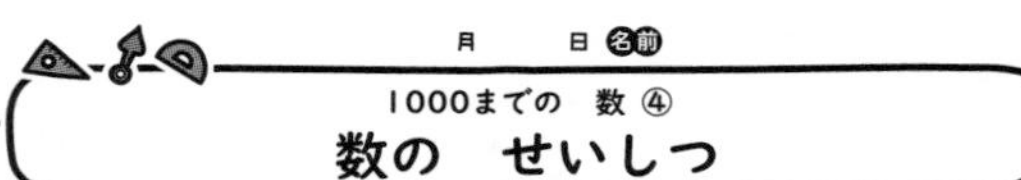

月　日 名前

1000までの 数 ④

数の せいしつ

1 □に あてはまる 数を かきましょう。

① 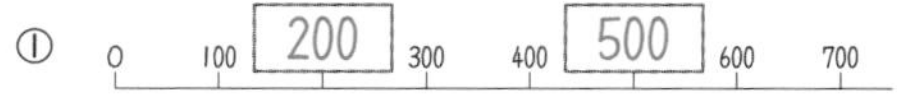

② 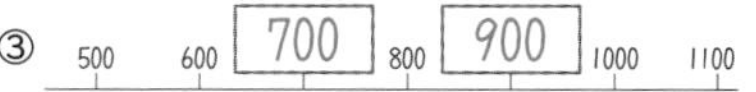

③ 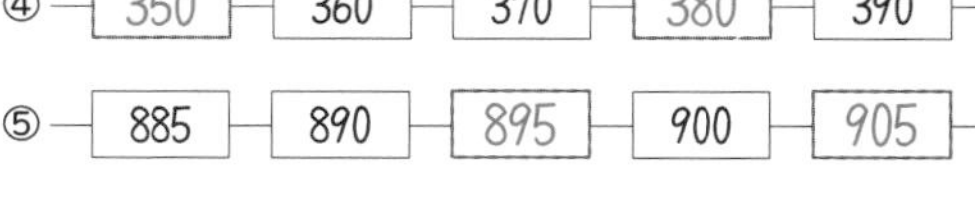

④ 350 ― 360 ― 370 ― 380 ― 390

⑤ 885 ― 890 ― 895 ― 900 ― 905

⑥ 992 ― 994 ― 996 ― 998 ― 1000

2 つぎの 数を かきましょう。

① 899より 1 大きい 数。 （ 900 ）

② 300より 1 小さい 数。 （ 299 ）

③ 1000より 1 小さい 数。 （ 999 ）

④ 990より 10 大きい 数。 （ 1000 ）

月　日 名前

たし算の ひっ算 ⑬

2けた＋2けた（くり上がり 1 回）

つぎの 計算を しましょう。

①	②	③	④
96	85	74	95
＋22	＋30	＋53	＋13
118	115	127	108

⑤	⑥	⑦	⑧
98	38	10	52
＋50	＋71	＋97	＋51
148	109	107	103

⑨	⑩	⑪	⑫
54	80	43	42
＋92	＋21	＋66	＋75
146	101	109	117

⑬	⑭	⑮	⑯
61	22	93	76
＋40	＋87	＋35	＋43
101	109	128	119

月　日 名前

たし算の ひっ算 ⑭

2けた＋2けた（くり上がり 2 回）

つぎの 計算を しましょう。

①	②	③	④
35	48	34	95
＋95	＋76	＋87	＋26
130	124	121	121

⑤	⑥	⑦	⑧
29	86	65	77
＋92	＋26	＋67	＋85
121	112	132	162

⑨	⑩	⑪	⑫
74	59	98	56
＋36	＋65	＋34	＋78
110	124	132	134

⑬	⑭	⑮	⑯
25	48	87	27
＋88	＋84	＋76	＋94
113	132	163	121

月　日 名前

たし算の　ひっ算 ⑮

２けた＋２けた（くり上がり２回）

つぎの　計算(けいさん)を　しましょう。

①	②	③	④
49＋77＝126	37＋97＝134	57＋85＝142	87＋73＝160

⑤	⑥	⑦	⑧
33＋88＝121	99＋31＝130	45＋99＝144	79＋41＝120

⑨	⑩	⑪	⑫
99＋85＝184	66＋47＝113	67＋98＝165	95＋55＝150

⑬	⑭	⑮	⑯
26＋88＝114	45＋86＝131	88＋95＝183	78＋93＝171

66

月　日 名前

たし算の　ひっ算 ⑯

２けた＋２けた（くりくり上がり）

つぎの　計算を　しましょう。

①	②	③	④
54＋47＝101	27＋73＝100	56＋48＝104	75＋28＝103

⑤	⑥	⑦	⑧
35＋66＝101	43＋59＝102	89＋16＝105	17＋88＝105

⑨	⑩	⑪	⑫
67＋35＝102	48＋58＝106	24＋77＝101	59＋46＝105

⑬	⑭	⑮	⑯
64＋36＝100	46＋54＝100	56＋44＝100	29＋71＝100

67

月　日 名前

たし算の　ひっ算 ⑰

２けた＋１けた（くりくり上がり）

つぎの　計算(けいさん)を　しましょう。

①	②	③	④
95＋6＝101	93＋9＝102	96＋5＝101	99＋6＝105

⑤	⑥	⑦	⑧
94＋6＝100	97＋3＝100	92＋8＝100	95＋5＝100

⑨	⑩	⑪	⑫
7＋94＝101	3＋98＝101	5＋96＝101	7＋98＝105

⑬	⑭	⑮	⑯
4＋96＝100	5＋95＝100	8＋92＝100	7＋93＝100

68

月　日 名前

たし算の　ひっ算 ⑱

３けたの　たし算

つぎの　計算を　しましょう。

①	②	③
432＋45＝477	167＋31＝198	215＋63＝278

④	⑤	⑥
346＋23＝369	231＋56＝287	334＋21＝355

⑦	⑧	⑨
427＋2＝429	502＋5＝507	354＋3＝357

⑩	⑪	⑫
248＋5＝253	359＋7＝366	407＋7＝414

69

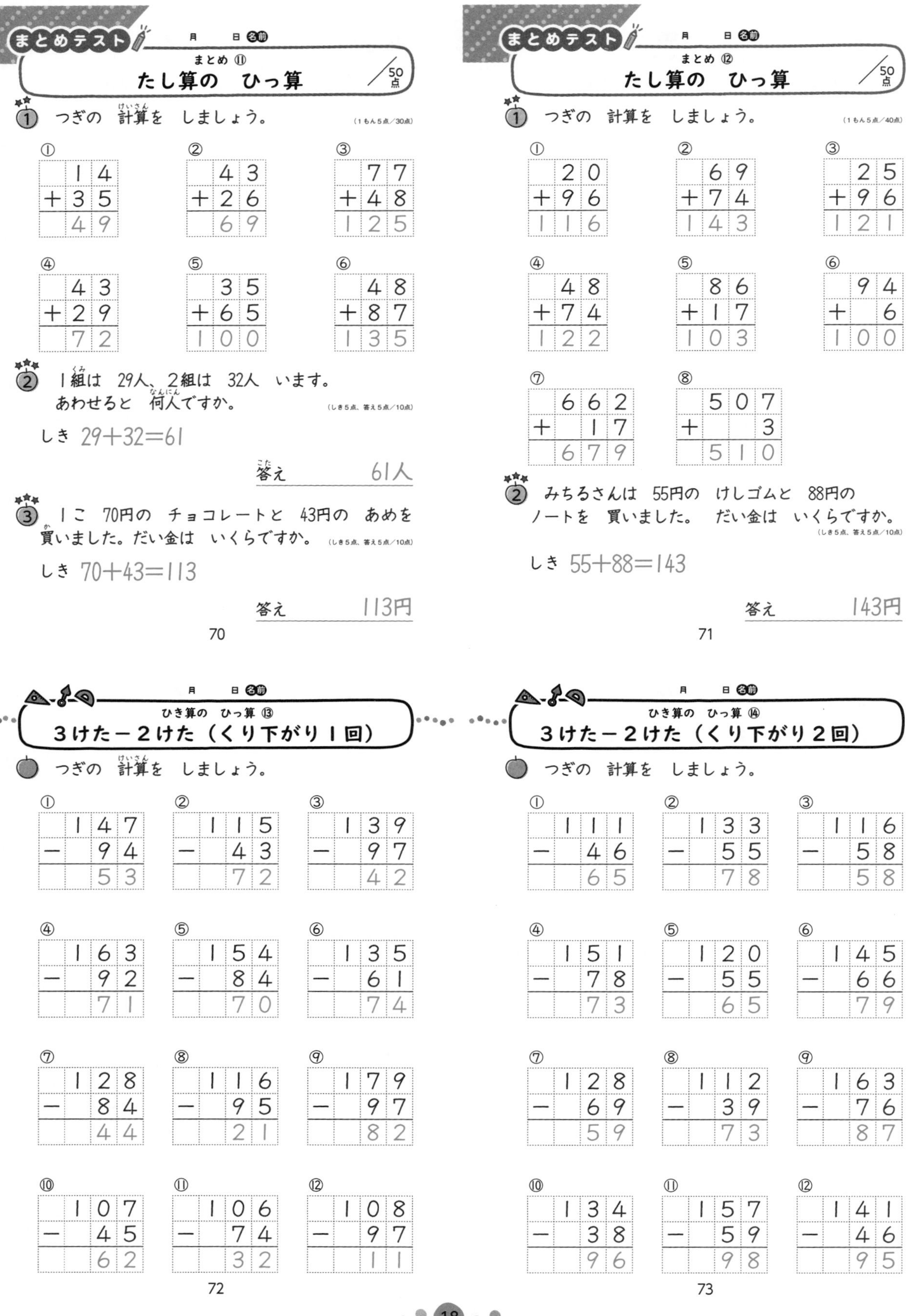

まとめテスト　月　日 名前

まとめ ⑪

たし算の　ひっ算

50点

① つぎの　計算(けいさん)を　しましょう。（1もん5点／30点）

①	②	③	④	⑤	⑥
14	43	77	43	35	48
＋35	＋26	＋48	＋29	＋65	＋87
49	69	125	72	100	135

② 1組(くみ)は　29人、2組は　32人　います。
あわせると　何人(なんにん)ですか。（しき5点、答え5点／10点）

しき　29＋32＝61

答(こた)え　61人

③ 1こ　70円の　チョコレートと　43円の　あめを　買(か)いました。だい金は　いくらですか。（しき5点、答え5点／10点）

しき　70＋43＝113

答え　113円

70

まとめテスト　月　日 名前

まとめ ⑫

たし算の　ひっ算

50点

① つぎの　計算を　しましょう。（1もん5点／40点）

①	②	③	④	⑤	⑥	⑦	⑧
20	69	25	48	86	94	662	507
＋96	＋74	＋96	＋74	＋17	＋6	＋17	＋3
116	143	121	122	103	100	679	510

② みちるさんは　55円の　けしゴムと　88円の　ノートを　買いました。　だい金は　いくらですか。（しき5点、答え5点／10点）

しき　55＋88＝143

答え　143円

71

月　日 名前

ひき算の　ひっ算 ⑬

3けたー2けた（くり下がり1回）

つぎの　計算(けいさん)を　しましょう。

①	②	③	④	⑤	⑥	⑦	⑧	⑨	⑩	⑪	⑫
147	115	139	163	154	135	128	116	179	107	106	108
－94	－43	－97	－92	－84	－61	－84	－95	－97	－45	－74	－97
53	72	42	71	70	74	44	21	82	62	32	11

72

月　日 名前

ひき算の　ひっ算 ⑭

3けたー2けた（くり下がり2回）

つぎの　計算を　しましょう。

①	②	③	④	⑤	⑥	⑦	⑧	⑨	⑩	⑪	⑫
111	133	116	151	120	145	128	112	163	134	157	141
－46	－55	－58	－78	－55	－66	－69	－39	－76	－38	－59	－46
65	78	58	73	65	79	59	73	87	96	98	95

73

月　日 名前

ひき算の　ひっ算 ⑮

3けた－2けた（くり下がり2回）

つぎの　計算を　しましょう。

① 150 － 77 = 73　② 141 － 97 = 44　③ 135 － 48 = 87

④ 126 － 39 = 87　⑤ 138 － 49 = 89　⑥ 165 － 68 = 97

⑦ 164 － 85 = 79　⑧ 192 － 93 = 99　⑨ 173 － 88 = 85

⑩ 180 － 89 = 91　⑪ 114 － 17 = 97　⑫ 120 － 26 = 94

月　日 名前

ひき算の　ひっ算 ⑯

3けた－2けた（くりくり下がり）

つぎの　計算を　しましょう。

① 104 － 27 = 77　② 101 － 39 = 62　③ 103 － 76 = 27

④ 106 － 87 = 19　⑤ 102 － 83 = 19　⑥ 105 － 38 = 67

⑦ 100 － 77 = 23　⑧ 103 － 46 = 57　⑨ 105 － 59 = 46

⑩ 104 － 38 = 66　⑪ 107 － 69 = 38　⑫ 106 － 47 = 59

月　日 名前

ひき算の　ひっ算 ⑰

3けた－1けた（くりくり下がり）

つぎの　計算を　しましょう。

① 104 － 7 = 97　② 101 － 9 = 92　③ 103 － 7 = 96

④ 106 － 7 = 99　⑤ 102 － 3 = 99　⑥ 105 － 8 = 97

⑦ 100 － 7 = 93　⑧ 103 － 6 = 97　⑨ 105 － 9 = 96

⑩ 104 － 8 = 96　⑪ 107 － 9 = 98　⑫ 106 － 8 = 98

月　日 名前

ひき算の　ひっ算 ⑱

3けたの　ひき算

つぎの　計算を　しましょう。

① 837 － 25 = 812　② 436 － 31 = 405　③ 578 － 44 = 534

④ 659 － 38 = 621　⑤ 749 － 23 = 726　⑥ 653 － 40 = 613

⑦ 537 － 4 = 533　⑧ 368 － 5 = 363　⑨ 419 － 7 = 412

⑩ 263 － 8 = 255　⑪ 346 － 9 = 337　⑫ 421 － 7 = 414

まとめテスト　月　日 名前

まとめ ⑬

ひき算の　ひっ算

／50点

1 つぎの　計算(けいさん)を　しましょう。（1もん5点／30点）

① 149 − 81 = 68

② 151 − 72 = 79

③ 143 − 86 = 57

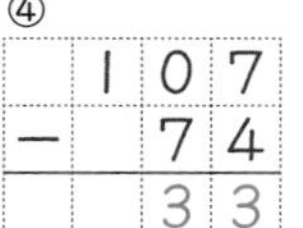

④ 107 − 74 = 33

⑤ 103 − 87 = 16

⑥ 100 − 7 = 93

2 63円の　はがきを　買(か)って　100円を　出しました。おつりは　何円(なんえん)ですか。（しき5点、答え5点／10点）

しき　100−63=37

答(こた)え　37円

3 色紙(いろがみ)が　110まい　あります。　このうち　45まい　つかいました。のこりは　何まいですか。（しき5点、答え5点／10点）

しき　110−45=65

答え　65まい

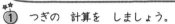

まとめテスト　月　日 名前

まとめ ⑭

ひき算の　ひっ算

／50点

1 つぎの　計算を　しましょう。（1もん4点／36点）

① 144 − 91 = 53

② 110 − 50 = 60

③ 170 − 86 = 84

④ 181 − 96 = 85

⑤ 102 − 57 = 45

⑥ 108 − 89 = 19

⑦ 765 − 6 = 759

⑧ 444 − 33 = 411

⑨ 610 − 6 = 604

2 まさゆきさんは　ビー玉を　105こ　もって　います。弟(おとうと)に　27こ　あげました。ビー玉は　何こ　のこりますか。（しき7点、答え7点／14点）

しき　105−27=78

答え　78こ

月　日 名前

かけ算九九 ①

かけ算の　いみ

● みかん、魚(さかな)、おにぎりは　それぞれ　いくつ　ありますか。

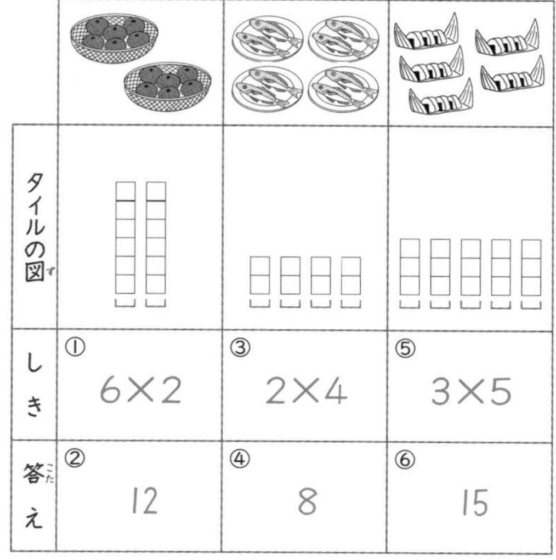

	みかん	魚	おにぎり
タイルの図(ず)			
しき	① 6×2	③ 2×4	⑤ 3×5
答(こた)え	② 12	④ 8	⑥ 15

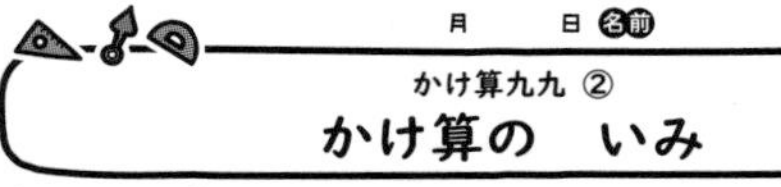

月　日 名前

かけ算九九 ②

かけ算の　いみ

● かけ算(ざん)で　あらわしましょう。

① みかんは　ぜんぶで　何(なん)こですか。

1ふくろ [5] こずつ [5] ふくろ分(ぶん)で [25] こ

しき [5]×[5]=[25]

② ドーナツは　ぜんぶで　何こですか。

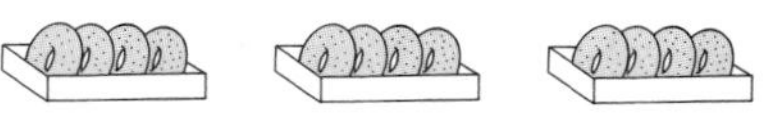

1はこ [4] こずつ [3] はこ分で [12] こ

しき [4]×[3]=[12]

③ いちごは　ぜんぶで　何こですか。

1かご [3] こずつ [4] かごで [12] こ

しき [3]×[4]=[12]

月　日 名前

かけ算九九 ③

5のだん

● 花びらは　何まいですか。

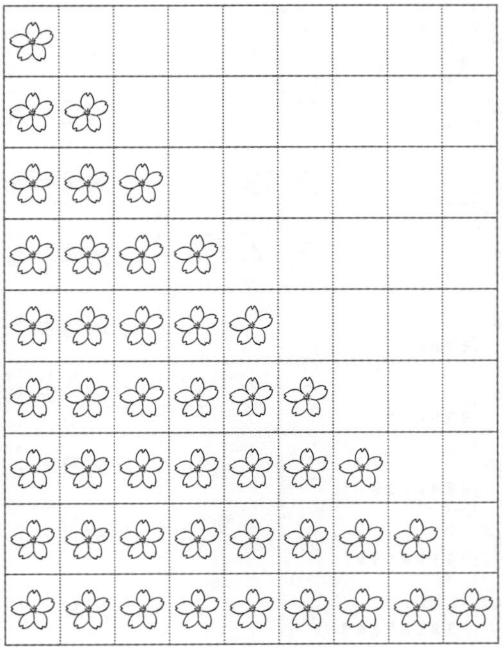

タイルの絵（色をぬりましょう）	1あたりの数	いくつ分	ぜんぶの数	しきと答え
	5	1	5	5×1＝5
	5	2	10	5×2＝10
	5	3	15	5×3＝15
	5	4	20	5×4＝20
	5	5	25	5×5＝25
	5	6	30	5×6＝30
	5	7	35	5×7＝35
	5	8	40	5×8＝40
	5	9	45	5×9＝45

月　日 名前

かけ算九九 ④

5のだん

① つぎの　計算を　しましょう。

① 5×2＝10　② 5×4＝20
③ 5×6＝30　④ 5×1＝5
⑤ 5×8＝40　⑥ 5×3＝15
⑦ 5×5＝25　⑧ 5×9＝45
⑨ 5×7＝35

② つぎの　計算を　しましょう。

① 5×6＝30　② 5×2＝10
③ 5×7＝35　④ 5×9＝45
⑤ 5×3＝15　⑥ 5×8＝40
⑦ 5×5＝25　⑧ 5×4＝20
⑨ 5×1＝5

月　日 名前

かけ算九九 ⑤

5のだん

① みかんが　1ふくろに　5こずつ　入っています。
6ふくろでは、何こに　なりますか。

しき　5×6＝30

答え　30こ

② 毎日　ごはんを　5はい　食べます。7日間では、何ばいに　なりますか。

しき　5×7＝35

答え　35はい

③ なすを　1かごに　5本ずつ　のせます。
5つの　かごでは、何本に　なりますか。

しき　5×5＝25

答え　25本

④ せんべいを　8まい　買いました。1まい　5円でした。何円　はらいましたか。

しき　5×8＝40

答え　40円

月　日 名前

かけ算九九 ⑥

2のだん

ケーキは 何こですか。

タイルの絵（色をぬりましょう）	1あたりの数	いくつ分	ぜんぶの数	しきと答え
	2	1	2	2×1＝2（に いち が に）
	2	2	4	2×2＝4（に にん が し）
	2	3	6	2×3＝6（に さん が ろく）
	2	4	8	2×4＝8（に し が はち）
	2	5	10	2×5＝10（に ご じゅう）
	2	6	12	2×6＝12（に ろく じゅうに）
	2	7	14	2×7＝14（に しち じゅうし）
	2	8	16	2×8＝16（に はち じゅうろく）
	2	9	18	2×9＝18（に く じゅうはち）

86　87

月　日 名前

かけ算九九 ⑦

2のだん

① つぎの 計算を しましょう。

① 2×4＝8　② 2×8＝16
③ 2×3＝6　④ 2×1＝2
⑤ 2×9＝18　⑥ 2×5＝10
⑦ 2×2＝4　⑧ 2×7＝14
⑨ 2×6＝12

② つぎの 計算を しましょう。

① 2×3＝6　② 2×1＝2
③ 2×5＝10　④ 2×7＝14
⑤ 2×9＝18　⑥ 2×2＝4
⑦ 2×4＝8　⑧ 2×6＝12
⑨ 2×8＝16

88

月　日 名前

かけ算九九 ⑧

2のだん

① ドーナツを 1さらに 2こずつ のせます。
4さらでは 何こに なりますか。

しき 2×4＝8

答え 8こ

② バナナを 1さらに 2本ずつ のせます。
8さらでは 何本に なりますか。

しき 2×8＝16

答え 16本

③ うさぎの 耳は、1ぴきあたり 2本です。
9ひきでは 何本に なりますか。

しき 2×9＝18

答え 18本

④ クレヨンを 5人に くばります。
1人に 2本ずつ くばると 何本 いりますか。

しき 2×5＝10

答え 10本

89

かけ算九九 ⑨

3のだん

● クローバーの はっぱは 何まい ありますか。

タイルの絵(色をぬりましょう)	1あたりの数	いくつ分	ぜんぶの数	しきと答え
	3	1	3	3×1=3 (さん いち が さん)
	3	2	6	3×2=6 (さん に が ろく)
	3	3	9	3×3=9 (さ ざん が きゅう)
	3	4	12	3×4=12 (さん し じゅうに)
	3	5	15	3×5=15 (さん ご じゅうご)
	3	6	18	3×6=18 (さぶ ろく じゅうはち)
	3	7	21	3×7=21 (さん しち にじゅういち)
	3	8	24	3×8=24 (さん ぱ にじゅうし)
	3	9	27	3×9=27 (さん く にじゅうしち)

月 日 名前

かけ算九九 ⑩

3のだん

① つぎの 計算を しましょう。

① 3×3=9　② 3×9=27
③ 3×6=18　④ 3×2=6
⑤ 3×5=15　⑥ 3×8=24
⑦ 3×4=12　⑧ 3×1=3
⑨ 3×7=21

② つぎの 計算を しましょう。

① 3×6=18　② 3×5=15
③ 3×3=9　④ 3×8=24
⑤ 3×1=3　⑥ 3×7=21
⑦ 3×9=27　⑧ 3×2=6
⑨ 3×4=12

月 日 名前

かけ算九九 ⑪

3のだん

① きゅうりを 1ふくろに 3本ずつ 入れます。4ふくろでは 何本に なりますか。

しき 3×4=12

答え 12本

② バナナを 1さらに 3本ずつ のせます。8さらでは 何本に なりますか。

しき 3×8=24

答え 24本

③ 三りん車には 1台に 3こずつ タイヤが ついています。5台分では 何こに なりますか。

しき 3×5=15

答え 15こ

④ 子どもが 6人 います。キャラメルを 1人に 3こずつ くばります。ぜんぶで 何こ いりますか。

しき 3×6=18

答え 18こ

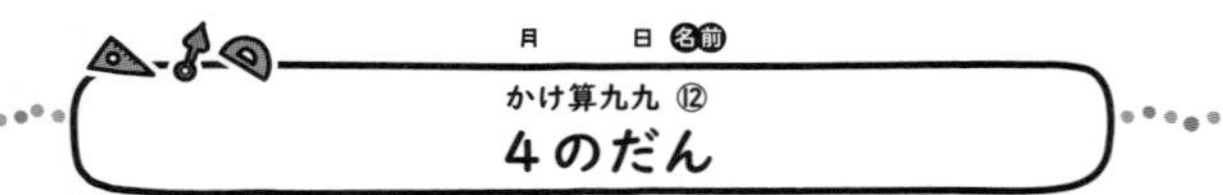

月　日 名前

かけ算九九 ⑫

4のだん

● トンボの 羽は 何まい ありますか。

タイルの絵（色をぬりましょう）	1あたりの数	いくつ分	ぜんぶの数	しきと答え
	4	1	4	4×1＝4（しいちがし）
	4	2	8	4×2＝8（しにがはち）
	4	3	12	4×3＝12（しさんじゅうに）
	4	4	16	4×4＝16（ししじゅうろく）
	4	5	20	4×5＝20（しごにじゅう）
	4	6	24	4×6＝24（しろくにじゅうし）
	4	7	28	4×7＝28（ししちにじゅうはち）
	4	8	32	4×8＝32（しはさんじゅうに）
	4	9	36	4×9＝36（しくさんじゅうろく）

94

95

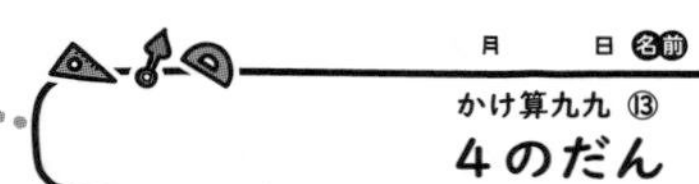

月　日 名前

かけ算九九 ⑬

4のだん

① つぎの 計算を しましょう。

① 4×9＝36　② 4×6＝24
③ 4×8＝32　④ 4×5＝20
⑤ 4×3＝12　⑥ 4×7＝28
⑦ 4×4＝16　⑧ 4×1＝4
⑨ 4×2＝8

② つぎの 計算を しましょう。

① 4×1＝4　② 4×4＝16
③ 4×7＝28　④ 4×2＝8
⑤ 4×9＝36　⑥ 4×3＝12
⑦ 4×6＝24　⑧ 4×5＝20
⑨ 4×8＝32

96

月　日 名前

かけ算九九 ⑭

4のだん

① おにぎりを 1さらに 4こずつ のせます。
8さらでは 何こに なりますか。

しき 4×8＝32

答え 32こ

② 1そうの ボートに 4人ずつ のります。
6そうでは 何人 のれますか。

しき 4×6＝24

答え 24人

③ ベンチには 1つに 4本ずつ 足が あります。
5つでは 何本に なりますか。

しき 4×5＝20

答え 20本

④ 3台の 車に 4人ずつ のります。
何人 のれますか。

しき 4×3＝12

答え 12人

97

月　日 名前

かけ算九九 ⑮

6のだん

🍎 クワガタムシの　足は　何本　ありますか。

タイルの絵（色をぬりましょう）	1あたりの数	いくつ分	ぜんぶの数	しきと答え
	6	1	6	6×1=6
	6	2	12	6×2=12
	6	3	18	6×3=18
	6	4	24	6×4=24
	6	5	30	6×5=30
	6	6	36	6×6=36
	6	7	42	6×7=42
	6	8	48	6×8=48
	6	9	54	6×9=54

月　日 名前

かけ算九九 ⑯

6のだん

① つぎの　計算を　しましょう。

① 6×3＝18　② 6×5＝30
③ 6×9＝54　④ 6×2＝12
⑤ 6×7＝42　⑥ 6×1＝6
⑦ 6×8＝48　⑧ 6×6＝36
⑨ 6×4＝24

② つぎの　計算を　しましょう。

① 6×6＝36　② 6×2＝12
③ 6×5＝30　④ 6×9＝54
⑤ 6×7＝42　⑥ 6×4＝24
⑦ 6×8＝48　⑧ 6×3＝18
⑨ 6×1＝6

月　日 名前

かけ算九九 ⑰

6のだん

① かんづめを　6こずつ　入れた　はこが　6はこ　あります。かんづめは　ぜんぶで　何こ　ありますか。

しき　6×6＝36

答え　36こ

② りんごを　1ふくろに　6こずつ　つめて　いきます。4ふくろでは　何こに　なりますか。

しき　6×4＝24

答え　24こ

③ セミの　足は　1ぴきに　6本ずつ　あります。セミが　2ひきでは　足は　何本に　なりますか。

しき　6×2＝12

答え　12本

④ さらが　5まい　あります。1さらに　みかんを　6こずつ　のせます。みかんは　何こ　いりますか。

しき　6×5＝30

答え　30こ

月　日 名前

かけ算九九 ⑱

7のだん

● テントウムシの 星は 何こ ありますか。

タイルの絵（色をぬりましょう）	1あたりの数	いくつ分	ぜんぶの数	しきと答え
	7	1	7	7×1＝7
	7	2	14	7×2＝14
	7	3	21	7×3＝21
	7	4	28	7×4＝28
	7	5	35	7×5＝35
	7	6	42	7×6＝42
	7	7	49	7×7＝49
	7	8	56	7×8＝56
	7	9	63	7×9＝63

102　　103

月　日 名前

かけ算九九 ⑲

7のだん

① つぎの 計算を しましょう。

① 7×1＝7　② 7×4＝28
③ 7×6＝42　④ 7×2＝14
⑤ 7×8＝56　⑥ 7×3＝21
⑦ 7×5＝35　⑧ 7×7＝49
⑨ 7×9＝63

② つぎの 計算を しましょう。

① 7×3＝21　② 7×2＝14
③ 7×5＝35　④ 7×9＝63
⑤ 7×7＝49　⑥ 7×1＝7
⑦ 7×6＝42　⑧ 7×8＝56
⑨ 7×4＝28

104

月　日 名前

かけ算九九 ⑳

7のだん

① 1まい 7円の 色紙を 8まい 買うと 何円に なりますか。

しき 7×8＝56

答え 56円

② 1週間は 7日です。3週間では 何日ですか。

しき 7×3＝21

答え 21日

③ おりづるを 1人 7わずつ おります。5人で おれば 何わに なりますか。

しき 7×5＝35

答え 35わ

④ 6まいの ふくろに たまごを 7こずつ 入れます。たまごは 何こ いりますか。

しき 7×6＝42

答え 42こ

105

月　日 名前

かけ算九九 ㉑

8のだん

タコの　足は　何本　ありますか。

タイルの絵（色をぬりましょう）	1あたりの数	いくつ分	ぜんぶの数	しきと答え
	8	1	8	はち いち が はち 8×1=8
	8	2	16	はち に じゅうろく 8×2=16
	8	3	24	はち さん にじゅうし 8×3=24
	8	4	32	はち し さんじゅうに 8×4=32
	8	5	40	はち ご しじゅう 8×5=40
	8	6	48	はち ろく しじゅうはち 8×6=48
	8	7	56	はち しち ごじゅうろく 8×7=56
	8	8	64	はっ ぱ ろくじゅうし 8×8=64
	8	9	72	はっ く しちじゅうに 8×9=72

106　107

月　日 名前

かけ算九九 ㉒

8のだん

① つぎの　計算を　しましょう。

① 8×5= 40　② 8×2= 16
③ 8×8= 64　④ 8×1= 8
⑤ 8×6= 48　⑥ 8×9= 72
⑦ 8×4= 32　⑧ 8×7= 56
⑨ 8×3= 24

② つぎの　計算を　しましょう。

① 8×1= 8　② 8×3= 24
③ 8×6= 48　④ 8×2= 16
⑤ 8×8= 64　⑥ 8×4= 32
⑦ 8×7= 56　⑧ 8×5= 40
⑨ 8×9= 72

108

月　日 名前

かけ算九九 ㉓

8のだん

① たこやきが　1さらに　8こ　入って　います。
3さらでは　何こに　なりますか。

しき　8×3=24

答え　24こ

② 1こ　8円の　あめを　5こ　買うと　何円に　なりますか。

しき　8×5=40

答え　40円

③ いちごが　1さらに　8こずつ　入って　います。
2さらでは　何こに　なりますか。

しき　8×2=16

答え　16こ

④ 7人の　子どもに　1はこずつ　キャラメルを　くばります。1はこ　8こ入りです。キャラメルは　ぜんぶで　何こ　ありますか。

しき　8×7=56

答え　56こ

109

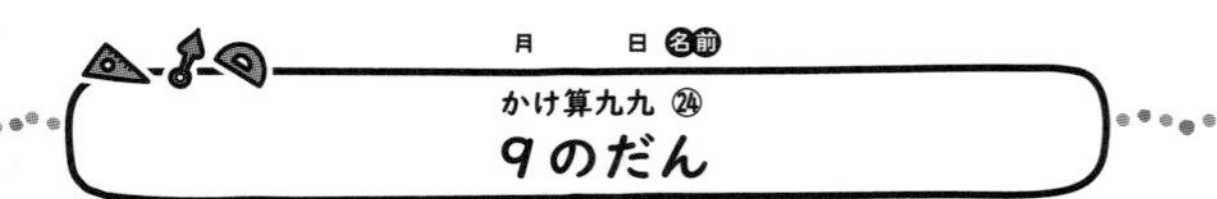

9のだん

チョコレートは　何こ　ありますか。

タイルの絵（色をぬりましょう）	1あたりの数	いくつ分	ぜんぶの数	しきと答え
	9	1	9	9×1=9
	9	2	18	9×2=18
	9	3	27	9×3=27
	9	4	36	9×4=36
	9	5	45	9×5=45
	9	6	54	9×6=54
	9	7	63	9×7=63
	9	8	72	9×8=72
	9	9	81	9×9=81

月　日　名前

かけ算九九 ㉕

9のだん

1 つぎの　計算を　しましょう。

① 9×8=72　② 9×3=27
③ 9×7=63　④ 9×4=36
⑤ 9×6=54　⑥ 9×1=9
⑦ 9×9=81　⑧ 9×2=18
⑨ 9×5=45

2 つぎの　計算を　しましょう。

① 9×1=9　② 9×5=45
③ 9×6=54　④ 9×2=18
⑤ 9×7=63　⑥ 9×3=27
⑦ 9×9=81　⑧ 9×4=36
⑨ 9×8=72

月　日　名前

かけ算九九 ㉖

9のだん

1 やきゅうは　1チーム　9人ずつです。4チーム　つくるには　何人　いりますか。

しき　9×4=36

答え　36人

2 かきが　1ふくろに　9こ　入って　います。9ふくろでは　何こに　なりますか。

しき　9×9=81

答え　81こ

3 1はこに　クッキーが　9こ　入って　います。2はこだったら　何こに　なりますか。

しき　9×2=18

答え　18こ

4 キャンディーを　8人に　くばりました。1人　9こずつに　なりました。キャンディーは　はじめに　何こ　ありましたか。

しき　9×8=72

答え　72こ

月　日 名前

かけ算九九 ㉗

1のだん

ネコの　しっぽは　何本　ありますか。

114

タイルの絵（色をぬりましょう）	1あたりの数	いくつ分	ぜんぶの数	しきと答え
	1	1	1	1×1＝1
	1	2	2	1×2＝2
	1	3	3	1×3＝3
	1	4	4	1×4＝4
	1	5	5	1×5＝5
	1	6	6	1×6＝6
	1	7	7	1×7＝7
	1	8	8	1×8＝8
	1	9	9	1×9＝9

115

月　日 名前

かけ算九九 ㉘

1のだん

① つぎの　計算を　しましょう。

① 1×6＝6　② 1×4＝4
③ 1×2＝2　④ 1×1＝1
⑤ 1×8＝8　⑥ 1×3＝3
⑦ 1×5＝5　⑧ 1×9＝9
⑨ 1×7＝7

② 1さらに　ケーキが　1こずつ　のって　います。4さら分では　何こに　なりますか。

しき　1×4＝4

答え　4こ

③ 1人に　かさを　1本ずつ　くばります。6人では　かさは　何本　いりますか。

しき　1×6＝6

答え　6本

116

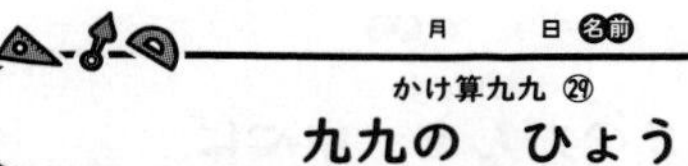

月　日 名前

かけ算九九 ㉙

九九の　ひょう

ひょうに　かけ算の　答えを　かきましょう。

かけられる数＼かける数		1	2	3	4	5	6	7	8	9
1のだん	1	1	2	3	4	5	6	7	8	9
2のだん	2	2	4	6	8	10	12	14	16	18
3のだん	3	3	6	9	12	15	18	21	24	27
4のだん	4	4	8	12	16	20	24	28	32	36
5のだん	5	5	10	15	20	25	30	35	40	45
6のだん	6	6	12	18	24	30	36	42	48	54
7のだん	7	7	14	21	28	35	42	49	56	63
8のだん	8	8	16	24	32	40	48	56	64	72
9のだん	9	9	18	27	36	45	54	63	72	81

117

月　日 名前

かけ算九九 ㉚

6・7のだんを　中心に

つぎの　計算(けいさん)を　しましょう。

① 6×8＝48　② 4×9＝36　③ 6×1＝6
④ 3×5＝15　⑤ 6×3＝18　⑥ 7×6＝42
⑦ 6×6＝36　⑧ 7×1＝7　⑨ 5×8＝40
⑩ 2×7＝14　⑪ 4×6＝24　⑫ 7×7＝49
⑬ 3×4＝12　⑭ 4×8＝32　⑮ 6×9＝54
⑯ 7×4＝28　⑰ 6×2＝12　⑱ 5×9＝45
⑲ 7×9＝63　⑳ 5×6＝30　㉑ 6×7＝42
㉒ 7×5＝35　㉓ 5×7＝35　㉔ 6×5＝30
㉕ 7×3＝21　㉖ 4×5＝20　㉗ 7×2＝14
㉘ 6×4＝24　㉙ 7×8＝56　㉚ 4×7＝28

118

月　日 名前

かけ算九九 ㉛

6・7のだんを　中心に

つぎの　計算を　しましょう。

① 3×8＝24　② 4×8＝32　③ 7×6＝42
④ 4×3＝12　⑤ 6×8＝48　⑥ 7×5＝35
⑦ 6×1＝6　⑧ 4×9＝36　⑨ 6×2＝12
⑩ 7×4＝28　⑪ 7×7＝49　⑫ 6×9＝54
⑬ 7×1＝7　⑭ 5×4＝20　⑮ 6×7＝42
⑯ 2×8＝16　⑰ 6×3＝18　⑱ 5×8＝40
⑲ 3×7＝21　⑳ 7×2＝14　㉑ 7×3＝21
㉒ 6×4＝24　㉓ 5×5＝25　㉔ 7×9＝63
㉕ 6×6＝36　㉖ 5×3＝15　㉗ 4×7＝28
㉘ 7×8＝56　㉙ 5×7＝35　㉚ 6×5＝30

119

月　日 名前

かけ算九九 ㉜

8・9のだんを　中心に

つぎの　計算(けいさん)を　しましょう。

① 8×3＝24　② 8×4＝32　③ 7×8＝56
④ 9×7＝63　⑤ 3×2＝6　⑥ 9×1＝9
⑦ 4×9＝36　⑧ 8×6＝48　⑨ 9×8＝72
⑩ 7×2＝14　⑪ 2×2＝4　⑫ 7×9＝63
⑬ 3×9＝27　⑭ 7×7＝49　⑮ 5×8＝40
⑯ 8×2＝16　⑰ 8×8＝64　⑱ 2×9＝18
⑲ 9×2＝18　⑳ 8×5＝40　㉑ 8×9＝72
㉒ 9×4＝36　㉓ 9×5＝45　㉔ 8×1＝8
㉕ 9×6＝54　㉖ 5×9＝45　㉗ 9×3＝27
㉘ 8×7＝56　㉙ 4×6＝24　㉚ 9×9＝81

120

月　日 名前

かけ算九九 ㉝

8・9のだんを　中心に

つぎの　計算を　しましょう。

① 9×4＝36　② 9×5＝45　③ 8×9＝72
④ 6×6＝36　⑤ 9×7＝63　⑥ 8×1＝8
⑦ 4×8＝32　⑧ 9×6＝54　⑨ 8×8＝64
⑩ 5×7＝35　⑪ 8×6＝48　⑫ 4×2＝8
⑬ 4×7＝28　⑭ 3×3＝9　⑮ 9×1＝9
⑯ 2×5＝10　⑰ 9×8＝72　⑱ 7×6＝42
⑲ 5×2＝10　⑳ 5×6＝30　㉑ 8×3＝24
㉒ 9×2＝18　㉓ 5×9＝45　㉔ 2×6＝12
㉕ 9×3＝27　㉖ 8×5＝40　㉗ 8×4＝32
㉘ 9×9＝81　㉙ 8×2＝16　㉚ 8×7＝56

121

月　日 名前

かけ算九九 ㉞

れんしゅう

つぎの 計算を しましょう。

① 3×4＝12 ② 2×3＝6 ③ 8×8＝64

④ 6×9＝54 ⑤ 2×6＝12 ⑥ 5×6＝30

⑦ 9×2＝18 ⑧ 4×3＝12 ⑨ 6×7＝42

⑩ 9×7＝63 ⑪ 4×7＝28 ⑫ 5×8＝40

⑬ 4×5＝20 ⑭ 6×2＝12 ⑮ 6×4＝24

⑯ 9×9＝81 ⑰ 7×7＝49 ⑱ 5×2＝10

⑲ 8×6＝48 ⑳ 8×2＝16 ㉑ 7×3＝21

㉒ 3×9＝27 ㉓ 5×4＝20 ㉔ 4×8＝32

㉕ 7×1＝7 ㉖ 3×7＝21 ㉗ 9×5＝45

㉘ 8×3＝24 ㉙ 2×9＝18 ㉚ 7×5＝35

122

月　日 名前

かけ算九九 ㉟

れんしゅう

つぎの 計算を しましょう。

① 3×5＝15 ② 5×7＝35 ③ 9×8＝72

④ 2×4＝8 ⑤ 7×9＝63 ⑥ 8×7＝56

⑦ 4×4＝16 ⑧ 8×9＝72 ⑨ 3×6＝18

⑩ 7×4＝28 ⑪ 6×6＝36 ⑫ 4×2＝8

⑬ 6×3＝18 ⑭ 2×5＝10 ⑮ 5×5＝25

⑯ 4×6＝24 ⑰ 3×3＝9 ⑱ 9×4＝36

⑲ 3×8＝24 ⑳ 6×8＝48 ㉑ 4×9＝36

㉒ 8×5＝40 ㉓ 5×3＝15 ㉔ 9×6＝54

㉕ 7×8＝56 ㉖ 5×9＝45 ㉗ 7×2＝14

㉘ 9×3＝27 ㉙ 2×8＝16 ㉚ 6×5＝30

123

月　日 名前

かけ算九九 ㊱

れんしゅう

つぎの 計算を しましょう。

① 4×2＝8 ② 5×4＝20 ③ 6×6＝36

④ 3×3＝9 ⑤ 4×9＝36 ⑥ 6×8＝48

⑦ 7×7＝49 ⑧ 4×5＝20 ⑨ 2×4＝8

⑩ 9×4＝36 ⑪ 5×7＝35 ⑫ 2×2＝4

⑬ 8×5＝40 ⑭ 9×7＝63 ⑮ 6×4＝24

⑯ 8×3＝24 ⑰ 5×9＝45 ⑱ 8×9＝72

⑲ 7×3＝21 ⑳ 2×8＝16 ㉑ 2×6＝12

㉒ 6×2＝12 ㉓ 3×1＝3 ㉔ 7×6＝42

㉕ 9×3＝27 ㉖ 4×4＝16 ㉗ 3×7＝21

㉘ 6×3＝18 ㉙ 3×9＝27 ㉚ 8×2＝16

124

月　日 名前

かけ算九九 ㊲

れんしゅう

つぎの 計算を しましょう。

① 2×5＝10 ② 7×2＝14 ③ 5×8＝40

④ 8×6＝48 ⑤ 6×7＝42 ⑥ 4×6＝24

⑦ 7×5＝35 ⑧ 2×3＝6 ⑨ 6×9＝54

⑩ 8×4＝32 ⑪ 9×8＝72 ⑫ 5×5＝25

⑬ 4×3＝12 ⑭ 9×6＝54 ⑮ 8×7＝56

⑯ 7×4＝28 ⑰ 5×6＝30 ⑱ 7×9＝63

⑲ 9×5＝45 ⑳ 9×9＝81 ㉑ 4×7＝28

㉒ 6×5＝30 ㉓ 5×3＝15 ㉔ 7×8＝56

㉕ 9×2＝18 ㉖ 3×8＝24 ㉗ 2×9＝18

㉘ 8×8＝64 ㉙ 3×5＝15 ㉚ 4×8＝32

125

まとめテスト　月　日 名前

まとめ ⑮

かけ算九九

50点

① つぎの 計算を しましょう。（1もん3点／30点）

① 7×6＝42　② 9×4＝36
③ 4×9＝36　④ 2×8＝16
⑤ 5×3＝15　⑥ 3×2＝6
⑦ 6×5＝30　⑧ 7×7＝49
⑨ 8×7＝56　⑩ 9×8＝72

② 1はこに 8こずつ 入った チョコレートが 7はこ あります。チョコレートは ぜんぶで 何こ ありますか。（しき5点、答え5点／10てん）

しき 8×7＝56

答え 56こ

③ ジュースが 2L 入った ペットボトルが 9本 あります。ジュースは ぜんぶで 何L ありますか。（しき5点、答え5点／10てん）

しき 2×9＝18

答え 18L

まとめテスト　月　日 名前

まとめ ⑯

かけ算九九

50点

① 3の 4つ分を あらわしている しきは どれですか。きごうで 答えましょう。（1もん5点／5点）

㋐ 4＋3　㋑ 3×4
㋒ 3＋3＋3　㋓ 4＋4＋4
㋔ 3＋4　㋕ 4×3　答え ㋑

② □に あてはまる 数を かきましょう。（1もん5点／5点）
6のだんの 九九では、かける数が 1 ふえると
答えは 6 ふえます。

③ 答えが つぎの 数に なる 九九を すべて かきましょう。（1もん2点／22点）

① 12 (2×6)(6×2)(3×4)(4×3)
② 36 (6×6)(4×9)(9×4)
③ 18 (3×6)(6×3)(2×9)(9×2)

④ □に あてはまる 数を かきましょう。（□3点／18点）

① 3 ― 6 ― 9 ― 12 ― 15
② 7 ― 14 ― 21 ― 28 ― 35
③ 5 ― 10 ― 15 ― 20 ― 25

月　日 名前

いろいろな かけ算 ①

いろいろな もんだい

つぎの もんだいを しましょう。

① 色紙を 4まいずつ、6人に くばります。色紙は 何まい いりますか。

しき 4×6＝24

答え 24まい

② 1はこに 8こずつ 入った あめが 5はこ あります。あめは ぜんぶで 何こ ありますか。

しき 8×5＝40

答え 40こ

③ いちごが 1さらに 6こずつ のって います。4さらでは ぜんぶで 何こ ありますか。

しき 6×4＝24

答え 24こ

④ みかんを 8ふくろ 買いました。どの ふくろにも 4こずつ 入って います。みかんは ぜんぶで 何こ ありますか。

しき 4×8＝32

答え 32こ

月　日 名前

いろいろな かけ算 ②

いろいろな もんだい

① かけ算の 答えの 大きい 方に ○を つけましょう。

① 3×5、(3×7)　② (7×8)、6×8
③ 6×7、(6×8)　④ (6×9)、5×9
⑤ (6×7)、9×4　⑥ (8×3)、2×9

② □に あてはまる 数を かきましょう。

① 3×8＝8×3　② 5×9＝9×5
③ 5×7＝7×5　④ 2×1＝1×2
⑤ 6×9＝9×6　⑥ 8×6＝6×8

③ □に あてはまる 数を かきましょう。

① 5×3＋5×4＝5×7
② 8×2＋8×2＝8×4
③ 2×9＝2×7＋2×2

月　日 名前

いろいろな　かけ算 ③

いろいろな　もんだい

九九の　ひょうを　見て　答(こた)えましょう。

かけられる数＼かける数	1	2	3	4	5	6	7	8	9
1のだん 1	1	2	3	4	5	6	7	8	9
2のだん 2	2	4	6	8	10	12	14	16	18
3のだん 3	3	6	9	12	15	18	21	24	27
4のだん 4	4	8	12	16	20	24	28	32	36
5のだん 5	5	10	15	20	25	30	35	40	45
6のだん 6	6	12	18	24	30	36	42	48	54
7のだん 7	7	14	21	28	35	42	49	56	63
8のだん 8	8	16	24	32	40	48	56	64	72
9のだん 9	9	18	27	36	45	54	63	72	81

① 2のだんの　答えと　5のだんの　答えを　たすと、どの　だんの　答えに　なりますか。

（　7　のだん）

② 9のだんの　答えから　3のだんの　答えを　ひくと、どの　だんの　答えに　なりますか。

（　6　のだん）

月　日 名前

いろいろな　かけ算 ④

いろいろな　もんだい

九九の　ひょうを　見て　答えましょう。

① 4 6 / 6 9　このように、ひょうの　いちぶを　四角(しかく)く　ぬきだします。

㋐ 4つの　数を　ななめに　かけると　どんな　ことが　わかりますか。ほかの　4つの　数でも　やって　みましょう。

4×9＝36
6×6＝36　（　同じになる　）

㋑ ななめに　たすと　どんな　ことが　わかりますか。ほかの　4つの　数でも　やって　みましょう。

4＋9＝13
6＋6＝12　（　1つちがいになる　）

② 3のだんの　答えを　下に　かきました。やじるしのように　2つの　数を　たした　答えは　いくつに　なりますか。

3　6　9　12　15　18　21　24　27

（　30　）

③ ほかの　きまりを　見つけて　みましょう。

（　9のだんの答えを②と同じようにすると90になる　）

月　日 名前

いろいろな　かけ算 ⑤

いろいろな　もんだい

4のだんについて　考(かん)えましょう。

1　2　3　4　5　6　7　8　9　10　11　12　13　14

たてに　4こずつ　ならんで　いる　□が　9れつ

4×9＝36
10れつに　なると　4ふえる
4×10＝40
11れつに　なると　4ふえる
4×11＝44
12れつに　なると　4ふえる
4×12＝48
13れつに　なると　4ふえる
4×13＝52
14れつに　なると　4ふえる
4×14＝56

月　日 名前

いろいろな　かけ算 ⑥

いろいろな　もんだい

1 つぎの　計算(けいさん)を　しましょう。

① 5×9＝45　② 5×10＝50
③ 5×11＝55　④ 5×12＝60
⑤ 9×6＝54　⑥ 10×6＝60
⑦ 11×6＝66　⑧ 12×6＝72

2 つぎの　計算を　しましょう。

① 7×9＝63　② 7×10＝70
③ 7×11＝77　④ 7×12＝84
⑤ 9×8＝72　⑥ 10×8＝80
⑦ 11×8＝88　⑧ 12×8＝96

3 つぎの　計算を　しましょう。

① 9×10＝90　② 9×11＝99
③ 9×12＝108　④ 9×13＝117

月　日 名前

三角形と　四角形 ①

三角形・四角形とは

1 3つの　点ア、イ、ウを　じゅんに　3本の　直線で　つなぎましょう。

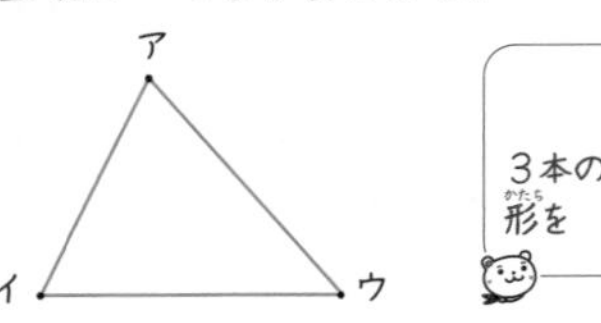

三角形

3本の　直線で　かこまれた　形を　**三角形**と　いいます。

2 4つの　点ア、イ、ウ、エを　じゅんに　4本の　直線で　つなぎましょう。

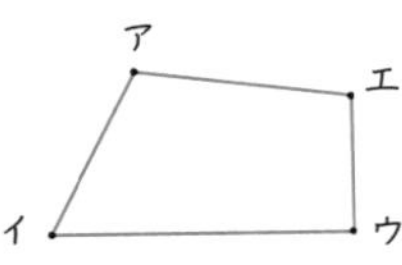

四角形

4本の　直線で　かこまれた　形を　**四角形**と　いいます。

3 □に　あてはまる　ことばを　かきましょう。

① 3本の　直線で　かこまれた　形を　［三角形］と　いいます。

② 4本の　［直線］で　かこまれた　形を　四角形と　いいます。

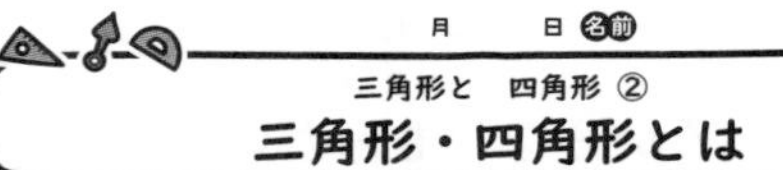

月　日 名前

三角形と　四角形 ②

三角形・四角形とは

1 点と　点を　つないで　いろいろな　三角形や　四角形を　かきましょう。つないだ　直線を　へんと　いいます。

(れい)

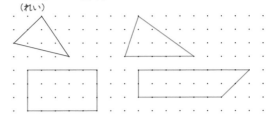

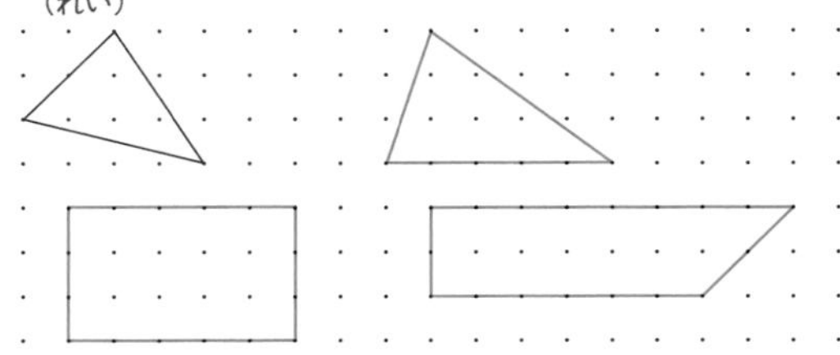

2 図から　三角形と　四角形を　えらび、〔　〕に　きごうを　かきましょう。

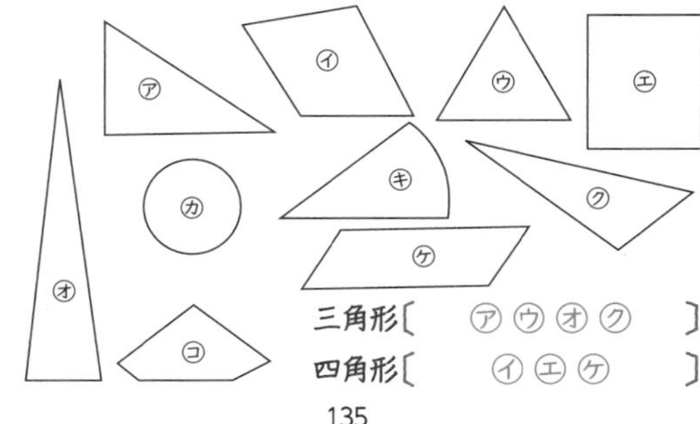

三角形〔　㋐㋒㋔㋗　〕

四角形〔　㋑㋓㋘　〕

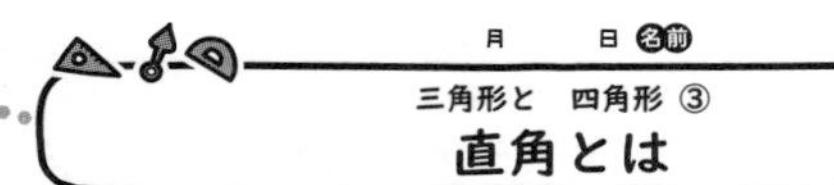

月　日 名前

三角形と　四角形 ③

直角とは

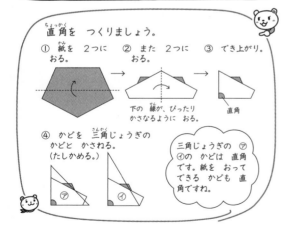

直角を　つくりましょう。

① 紙を　2つに　おる。　② また　2つに　おる。　③ でき上がり。

下の　線が、ぴったり　かさなるように　おる。

直角

④ かどを　三角じょうぎの　かどと　かされる。(たしかめる。)

㋐　㋑

三角じょうぎの　㋐　㋑の　かどは　直角です。紙を　おって　できる　かども　直角ですね。

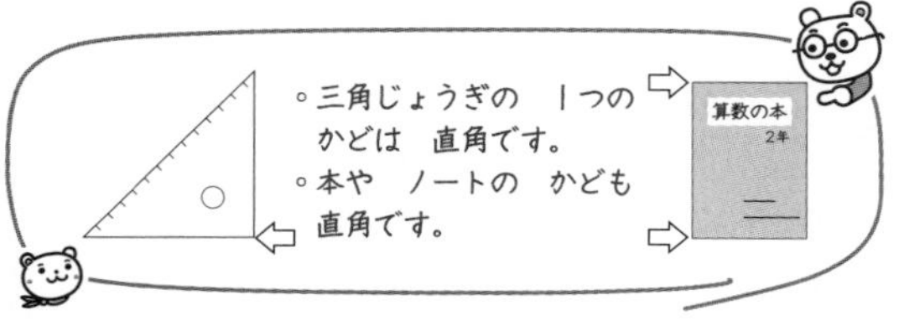

。三角じょうぎの　1つの　かどは　直角です。
。本や　ノートの　かども　直角です。
算数の本
2年

月　日 名前

三角形と　四角形 ④

長方形・正方形

どの　かども　みな　直角に　なっている　四角形を　**長方形**と　いいます。

どの　かども　みな　直角で　どの　へんも　みな　同じ　長さの　四角形を　**正方形**と　いいます。

● 方がん紙に　たて5cm、よこ2cmの　長方形と　1つの　へんが　4cmの　正方形を　かきましょう。

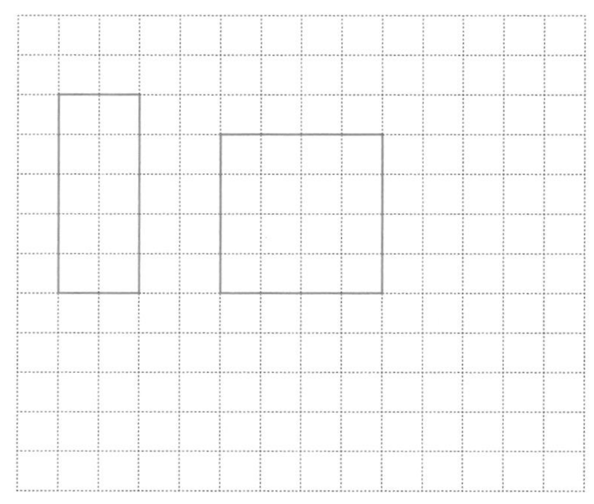

月　日 名前

三角形と　四角形 ⑤

長方形・正方形

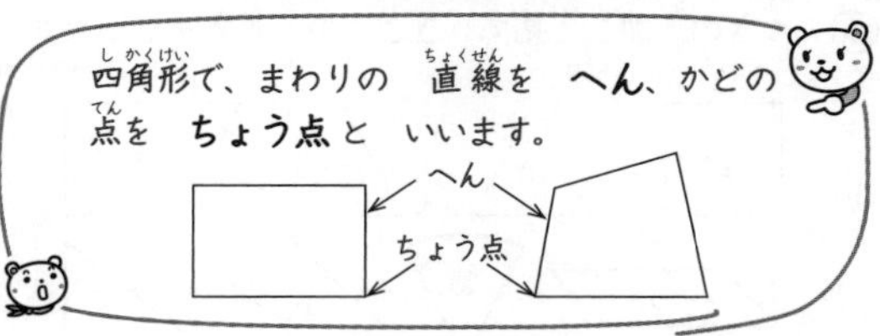

四角形で、まわりの　直線を　へん、かどの　点を　ちょう点と　いいます。
へん
ちょう点

① (　)に、あてはまる　ことばを　かきましょう。

① かどが、みんな　直角の　四角形を(長方形)と　いいます。

② 長方形の、むかいあう　へんの　長さは(同じ)です。

② 長方形は　どれですか。(　)に　○を　つけましょう。

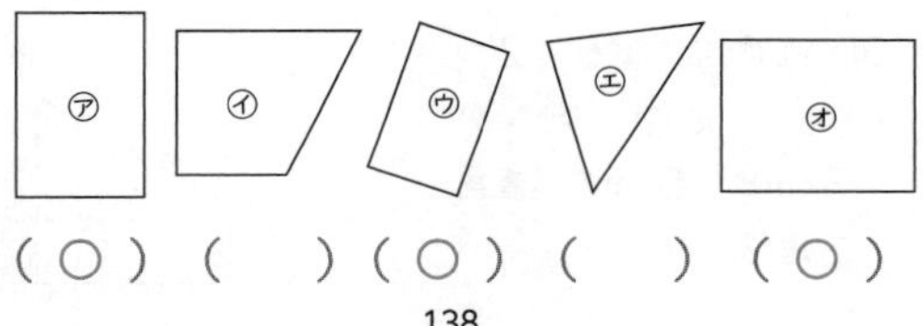

(○)　(　)　(○)　(　)　(○)

138

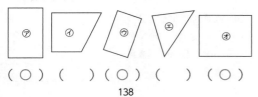

月　日 名前

三角形と　四角形 ⑥

長方形・正方形

① (　)に、あてはまる　ことばを　かきましょう。

① かどが　みんな　直角で、へんの　長さが　みんな　同じ　四角形を(正方形)と　いいます。

② 正方形の　へんの　長さは、みんな(同じ)です。

おり紙を　図のように　おって、へんの　長さを　くらべると、アウ、イエの　長さは　同じに　なります。

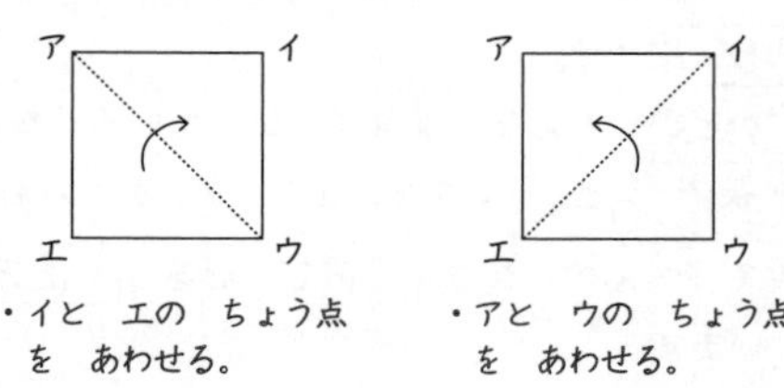

・イと　エの　ちょう点を　あわせる。　・アと　ウの　ちょう点を　あわせる。

② 正方形は　どれですか。(　)に　○を　つけましょう。

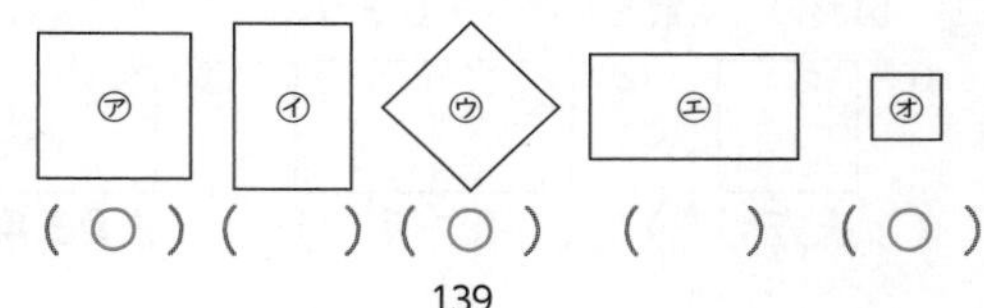

(○)　(　)　(○)　(　)　(○)

139

月　日 名前

三角形と　四角形 ⑦

直角三角形

① 点ア、イ、ウを　直線で　つなぎましょう。

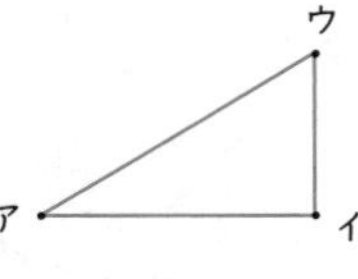

直角三角形
直角の　かどの　ある　三角形を　直角三角形と　いいます。

② いろいろな　大きさの　長方形、正方形、直角三角形を　かきましょう。

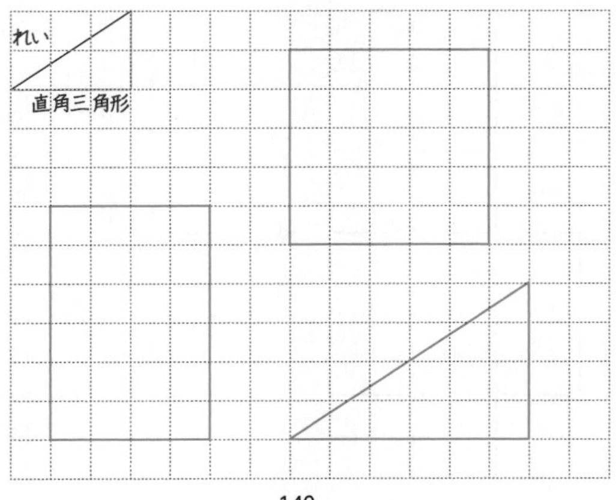

140

月　日 名前

三角形と　四角形 ⑧

直角三角形

① 直角三角形は　どれですか。(　)に　○を　つけましょう。

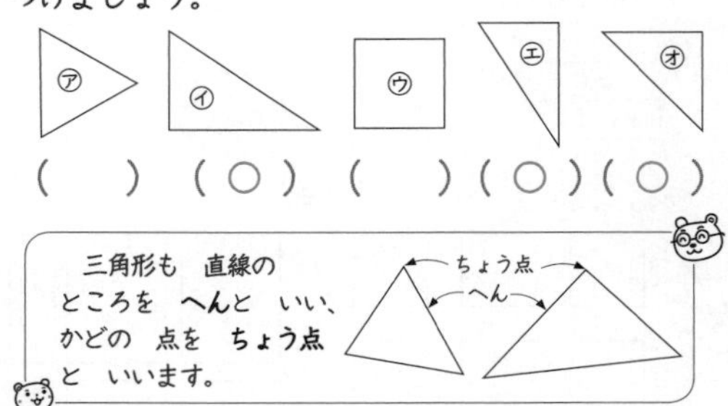

三角形も　直線の　ところを　へんと　いい、かどの　点を　ちょう点と　いいます。
ちょう点
へん

(　)　(○)　(　)　(○)　(○)

② (　)に　あてはまる　ことばや　数を　かきましょう。

① 三角形には、へんが(3)本、ちょう点が(3)こ　あります。

② 四角形には、へんが(4)本、ちょう点が(4)こ　あります。

③ かどが、みんな　直角の　四角形を(長方形)と　いいます。

④ 長方形は、むかいあう　へんの　長さが(同じ)です。

141

月　日 名前

まとめ ⑰

三角形と　四角形

50点

① つぎの □に あてはまる ことばを かきましょう。（1もん5点／40点）

右のように 紙を おって できる 角を ①直角と いいます。

三角形の へんは ②3本、ちょう点は ③3こです。四角形の へんは ④4本、ちょう点は ⑤4こです。

かどが みんな 直角に なっている 四角形を ⑥長方形と いいます。また、かどが みんな 直角で へんの 長さが 同じ 形を ⑦正方形と いいます。

直角の かどが ある 三角形を ⑧直角三角形と いいます。

② 図形の 名前を かきましょう。（1つ5点／10点）

① （ 正方形 ） ② （ 長方形 ） ③ 直角三角形

月　日 名前

まとめ ⑱

三角形と　四角形

50点

① つぎの 図を 見て きごうで 答えましょう。（1つ4点／20点）

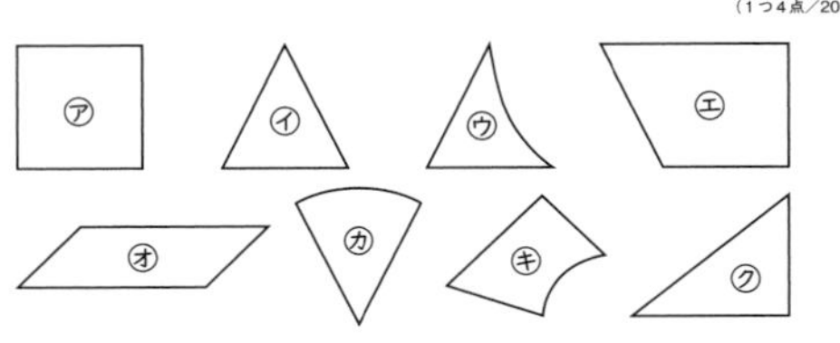

三角形（ ㋑㋗ ）、四角形（ ㋐㋓㋔ ）

② つぎの 図形を 方がんに かきましょう。（1つ10点／30点）

① 2つの へんの 長さが 2cmと 4cmの 長方形。

② 1つの へんの 長さが 3cmの 正方形。

③ 直角に なる 2つの へんの 長さが 3cmと 5cmの 直角三角形。

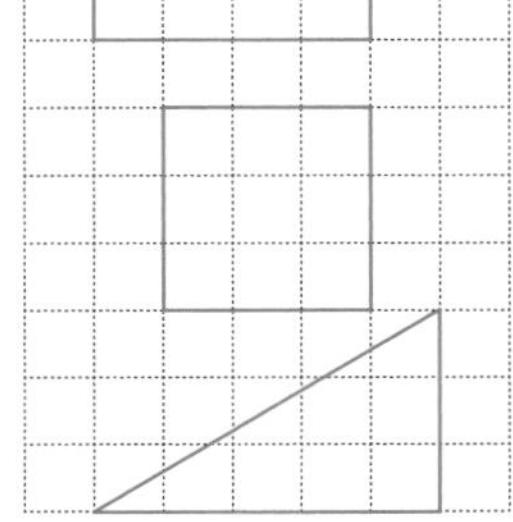

月　日 名前

はこの 形 ①

めん・へん・ちょう点

㋐、㋑の はこの ぜんぶの めんを 紙に うつしました。

㋐

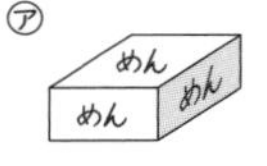

㋑

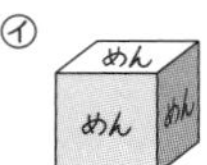

㋒　㋓

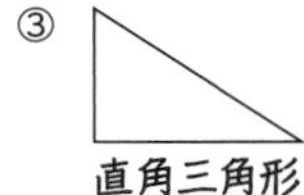

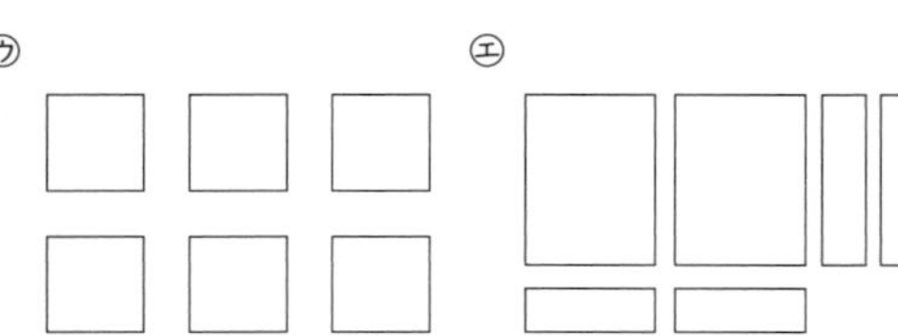

① ㋒、㋓の 図は ㋐、㋑の どちらを うつした ものですか。

㋒（ ㋑ ）㋓（ ㋐ ）

② うつした 四角形の 名前を かきましょう。

㋒（ 正方形 ）㋓（ 長方形 ）

③ うつした めんの 数は いくつですか。

㋒（ 6 ）㋓（ 6 ）

月　日 名前

はこの 形 ②

めん・へん・ちょう点

はこの 形で、たいらな ところを めんと いいます。はこの 形の 直線を へんと いい、かどの とがった ところを ちょう点と いいます。

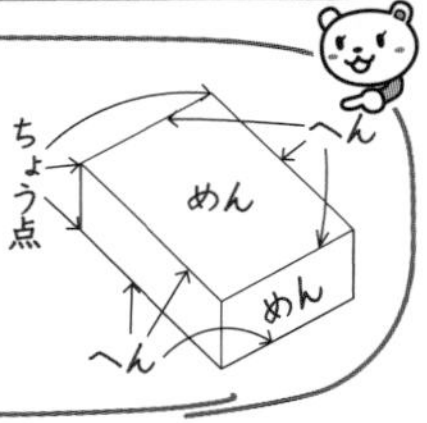

はこを ひらいた 形を 右の 方がんに、うつしましょう。

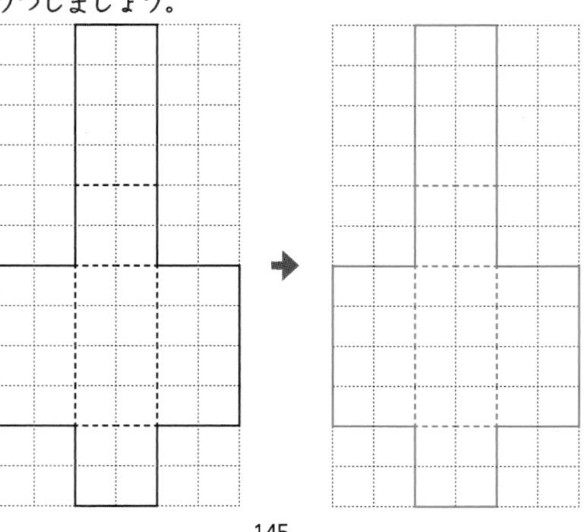

月　日 名前

はこの　形 ③

めん・へん・ちょう点

● イラストさいころを　つくろう！

(1) さいころの　1つの　めんの　形は（ 正方形 ）です。

(2) さいころの　めんの　数は（ 6 こ ）です。

① ── の　線に　そって、はさみで　切りとります。

② ┈┈ の　線で　おりまげると、さいころの形に　なります。

③ セロテープで　はると、かんせいです。

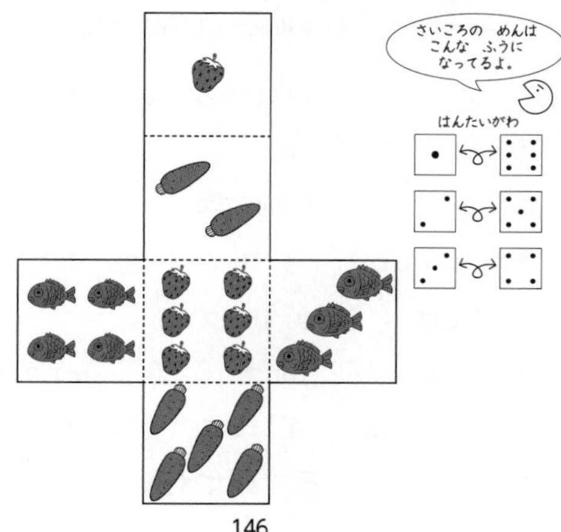

さいころの　めんは こんな　ふうに なってるよ。

はんたいがわ

146

月　日 名前

はこの　形 ④

めん・へん・ちょう点

① （　）にあてはまる　ことばや　数をかきましょう。

① はこの　形で、たいらなところを（ めん ）と　いいます。

② はこの　形の　直線を（ へん ）と　いい、かどのとがった　ところを（ちょう点）と　いいます。

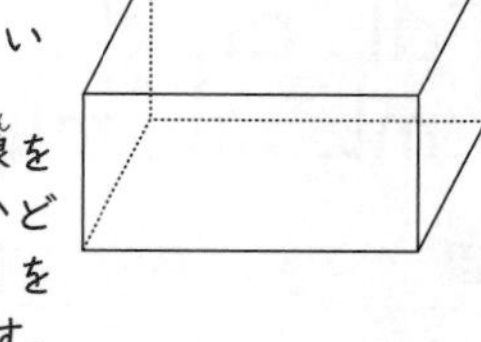

③ はこの　形には、めんが（ 6 ）こ、へんが（ 12 ）本、ちょう点が（ 8 ）こ　あります。

② つぎの　①と　②の　図を　組み立てると、右のどの　はこに　なりますか。

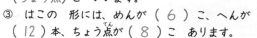

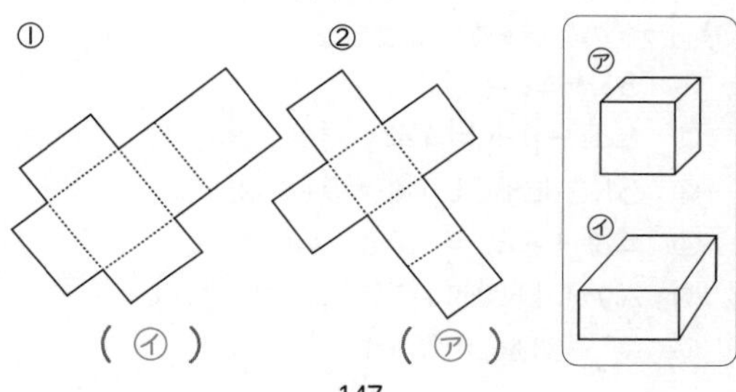

（ ㋑ ）　（ ㋐ ）

147

月　日 名前

水の　かさ ①

L（リットル）・dL（デシリットル）

① L(リットル) の　かき方を　れんしゅう　しましょう。

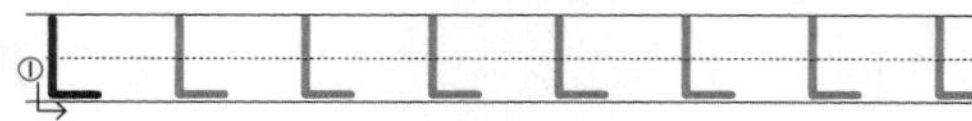

② 何Lですか。

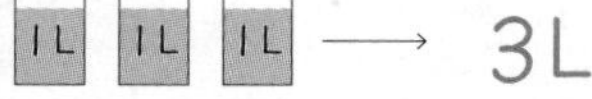

→ 3L

③ つぎの　計算を　しましょう。

① 2L＋3L＝5L　② 15L－7L＝8L

④ dL（デシリットル）の　かき方を　れんしゅう　しましょう。

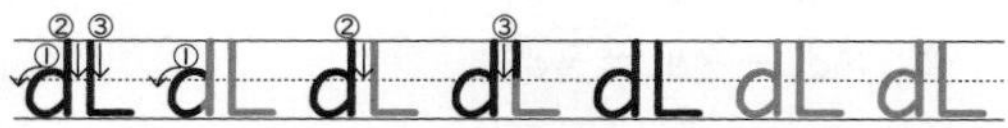

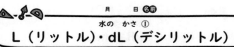

⑤ 何dLですか。

1dL　1dL　1dL　1dL → 4dL

⑥ つぎの　計算を　しましょう。

① 8dL＋9dL＝17dL　② 16dL＋24dL＝40dL

③ 16dL－8dL＝8dL　④ 25dL－16dL＝9dL

148

月　日 名前

水の　かさ ②

mL（ミリリットル）

① mL（ミリリットル）の　かき方を　れんしゅう　しましょう。

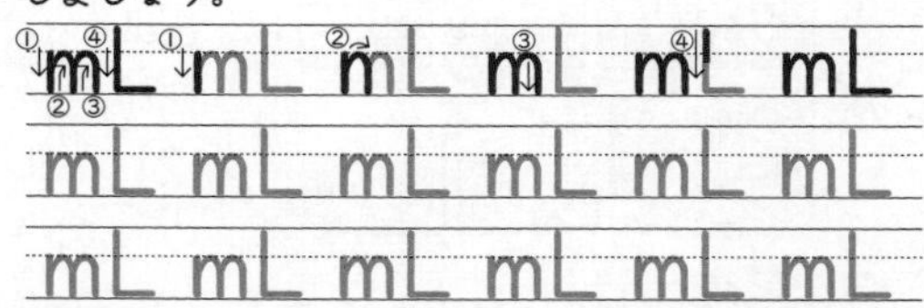

② ますに　10mLずつ　水が　入って　います。水に色を　ぬりましょう。

③ 何mLですか。

① → 30mL　② → 60mL

④ つぎの　計算を　しましょう。

① 10mL＋20mL＝30mL　② 30mL＋60mL＝90mL

③ 50mL－30mL＝20mL　④ 100mL－40mL＝60mL

149

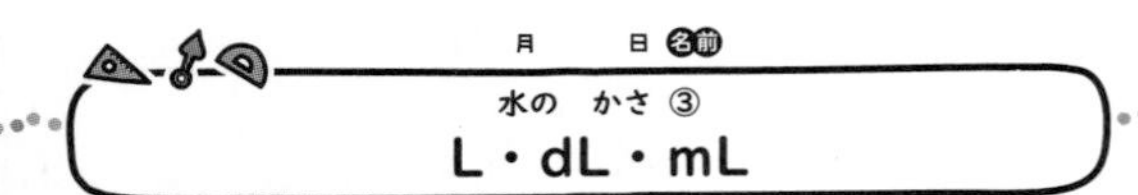

月　日 名前

水の　かさ ③

L・dL・mL

① L、dL、mLを　れんしゅう　しましょう。

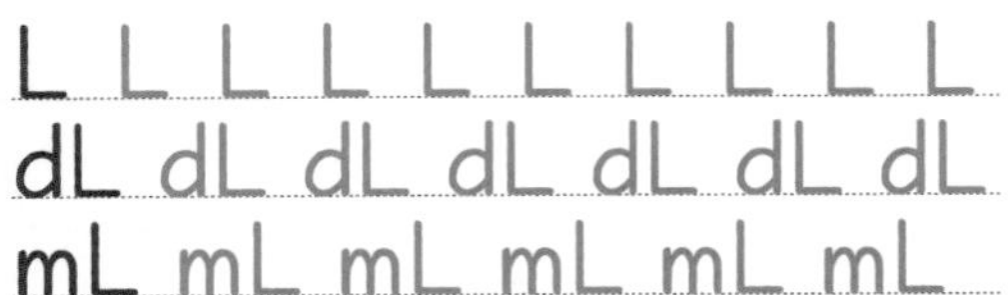

② かさは　どれだけですか。

| L=10 dL=1000 mL　1 dL=100 mL

① 1L 1L 1dL 1dL 1dL 1dL → 2 L 4 dL ＝24dL

② 1dL 1dL 1dL → 2 dL 40mL ＝240mL

③ つぎの　計算(けいさん)を　しましょう。

① 3L＋4L＝7L

② 8dL－4dL＝4dL

③ 5L2dL＋2L4dL＝7L6dL

④ 4dL＋6dL＝ 10dL ＝ 1 L

⑤ 200mL＋800mL＝1000mL ＝ 1 L

⑥ 1L－300mL＝700mL

150

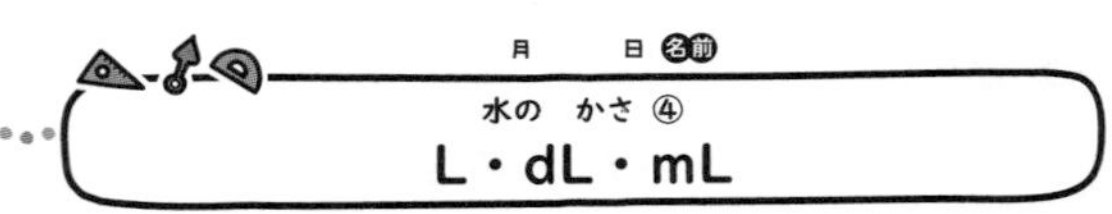

月　日 名前

水の　かさ ④

L・dL・mL

① かさは　どれだけですか。

①

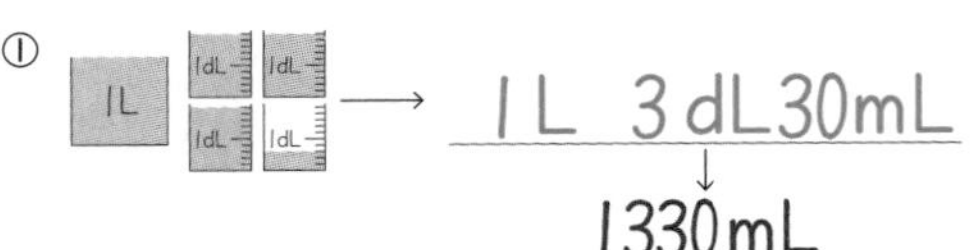

→ 1 L 3 dL30mL
↓
1330mL

②

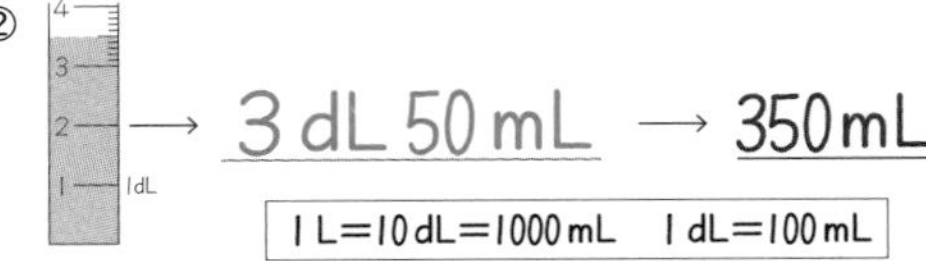

→ 3 dL 50 mL → 350mL

1 L=10 dL=1000 mL　1 dL=100 mL

② つぎの（　）に　あてはまる　数(かず)を　入れましょう。

① 1Lは（ 10 ）dLで、（ 1000 ）mLです。

② 1dLは（ 100 ）mLです。

③ 2000mLは（ 2 ）Lで、（ 20 ）dLです。

④ 3Lは（ 3000 ）mLです。

⑤ 5Lは（ 50 ）dLで、（ 5000 ）mLです。

⑥ 4000mLは（ 4 ）Lで、（ 40 ）dLです。

⑦ 500mLは（ 5 ）dLです。

151

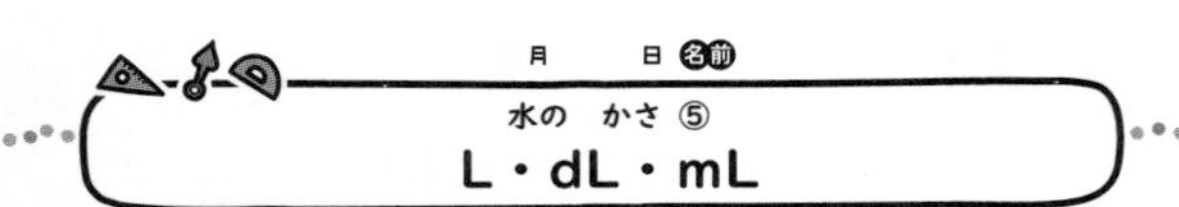

月　日 名前

水の　かさ ⑤

L・dL・mL

① かさは　どれだけですか。

① 1dL 1dL 1dL 1dL 1dL 1dL ＝（ 6dL ）

② 1L 1L 1dL 1dL 1dL 1dL ＝（ 2L 4dL ）

③ 1dL 1dL 1dL 10mL 10mL 10mL 10mL 10mL ＝（ 3dL50mL ）

②（　）に　あてはまる　数(かず)を　入れましょう。

① 7Lは（ 70 ）dLで、（ 7000 ）mLです。

② 5000mLは（ 5 ）Lで、（ 50 ）dLです。

③ 6000mLは（ 60 ）dLです。

④ 1Lます　8はいと、1dLます　5はいの

水の　かさは（ 8 ）L（ 5 ）dLです。

⑤ 400mLは（ 4 ）dLです。

⑥ 1500mLは（ 1 ）L（ 5 ）dLです。

152

月　日 名前

水の　かさ ⑥

L・dL・mL

① かさは　どれだけですか。

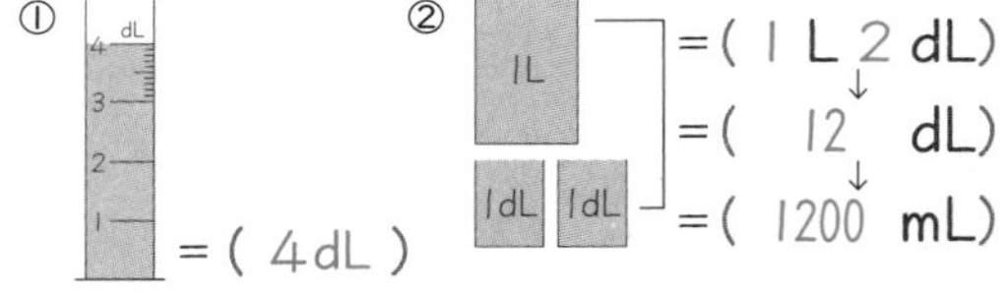

① ＝（ 4dL ）

② ＝（ 1 L 2 dL）
＝（ 12 dL）
＝（ 1200 mL）

1 L=10 dL=1000 mL　1 dL=100 mL

② つぎの　計算(けいさん)を　しましょう。

① 2dL＋4dL＝6dL

② 8dL－3dL＝5dL

③ 5L3dL＋1L2dL＝6L5dL

④ 6L8dL－3L4dL＝3L4dL

⑤ 700mL＋300mL＝ 1000 mL＝ 1 L

⑥ 1L－400mL＝600mL

⑦ 4L320mL＋2L180mL＝ 6 L 500 mL
＝ 6 L 5 dL

⑧ 5L530mL－3L480mL＝ 2 L 50 mL

153

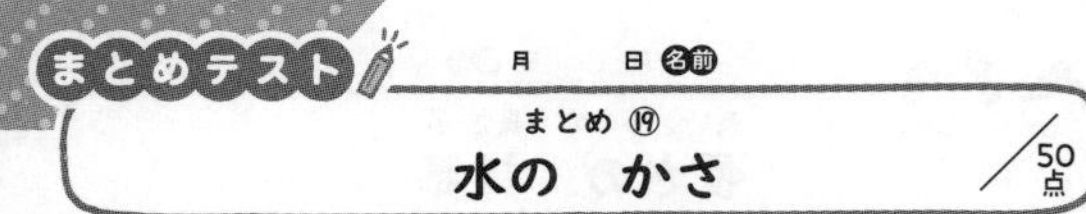

まとめテスト　月　日 名前

まとめ ⑲

水の かさ

/50点

① かさの たんい （L、dL、mL）を かきましょう。（1もん5点/20点）

① きゅう食の 牛にゅうは 200（ mL ）です。

② 水とうに 入る 水の かさは 8（ dL ）です。

③ バケツに 水を 5（ L ） 入れました。

④ 1L＝10（ dL ）＝1000（ mL ）です。

② つぎの 計算を しましょう。（1もん5点/20点）

① 3L＋4L＝7L

② 7dL＋8dL＝15dL

③ 40mL＋60mL＝100mL

④ 3L 2dL＋4L 2dL＝7L4dL

③ 1L5dLの ペットボトルの お茶と 2dLの 紙パックの お茶が あります。お茶は ぜんぶで 何L何dL ですか。（しき5点、答え5点/10点）

しき 1L5dL＋2dL＝1L7dL

答え 1L7dL

154

まとめテスト　月　日 名前

まとめ ⑳

水の かさ

/50点

① かさの 多い 方に ○を つけましょう。（1もん5点/20点）

① （　） 500mL　（ ○ ） 25dL

② （　） 1L　（ ○ ） 20dL

③ （　） 1000mL　（ ○ ） 2L

④ （　） 50mL　（ ○ ） 4dL

② つぎの 計算を しましょう。（1もん5点/20点）

① 5L−2L＝3L

② 10dL−8dL＝2dL

③ 100mL−20mL＝80mL

④ 3L 8dL−1L 2dL＝2L6dL

③ 1Lの 牛にゅうが あります。200mL のむと、のこりは 何mLですか。（しき5点、答え5点/10点）

しき 1L−200mL＝800mL

答え 800mL

155

月　日 名前

長い ものの 長さ ①

長さの はかり方（m）

① m(メートル) の かき方を れんしゅう しましょう。

m m m m m m

m m m m m m メートル

m m m m m m メートル

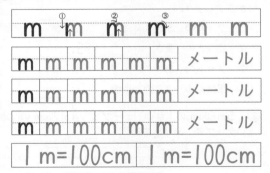

m m m m m m メートル

1 m=100cm　1 m=100cm

② 何m何cmですか。（1目もりは 10cmです。）

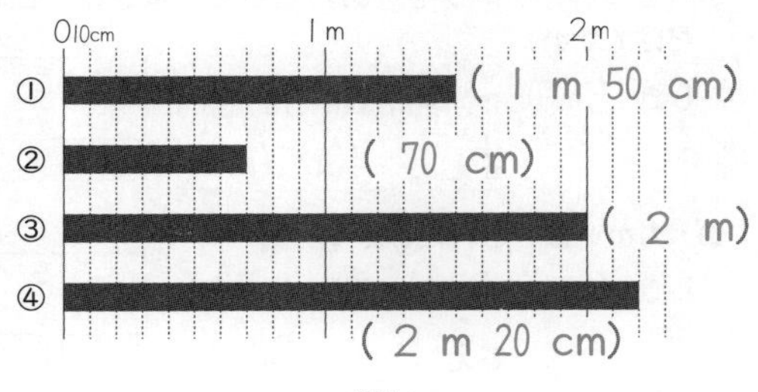

① （ 1 m 50 cm）

② （ 70 cm）

③ （ 2 m）

④ （ 2 m 20 cm）

156

月　日 名前

長い ものの 長さ ②

長さの はかり方（m）

● 何m何cmですか。（大きな 目もりは 1mです。小さな 目もりは 10cmです。）

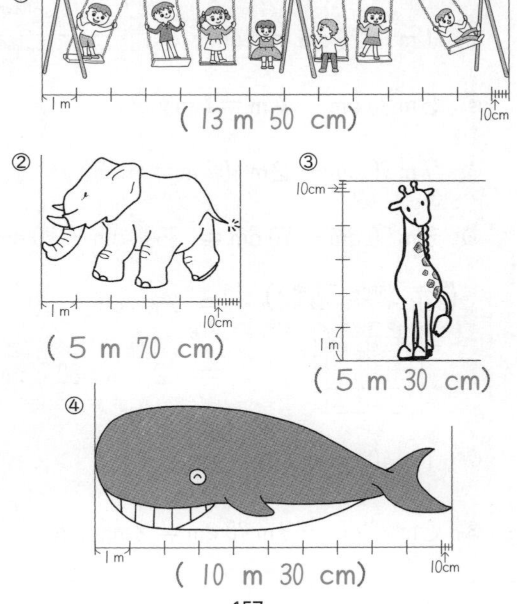

① （ 13 m 50 cm）

② （ 5 m 70 cm）

③ （ 5 m 30 cm）

④ （ 10 m 30 cm）

157

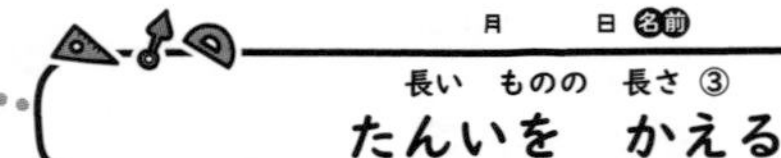

月　日 名前

長い　ものの　長さ ③

たんいを　かえる

1 つぎの　長(なが)さは　何(なん)m何cmですか。

① 1mの　ものさしで　1回(かい)と、あと　68cmの長さ。　（　1m68cm　）

② 1mの　ものさしで　7回と、あと　6cmの長さ。　（　7m 6cm　）

2 たんいを　かえましょう。

① 1m＝[100]cm　② 8m＝[800]cm

③ 5m40cm＝[540]cm

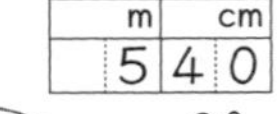

m	cm	
5	4	0

④ 3m 9cm＝[309]cm

3 たんいを　かえましょう。

① 100cm＝[1]m　② 500cm＝[5]m

③ 175cm＝[1]m[75]cm

④ 608cm＝[6]m[8]cm

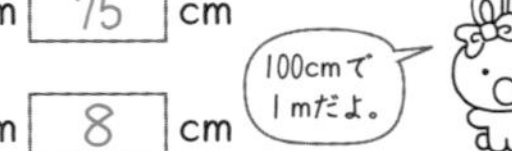

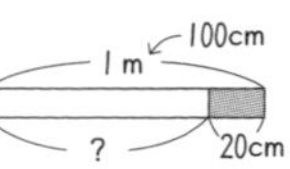

月　日 名前

長い　ものの　長さ ④

長さの　計算

1 つぎの　計算(けいさん)を　しましょう。

① 4m＋3m＝ 7m　② 18m＋6m＝24m

③ 1m＋50cm＝ 1 m 50 cm

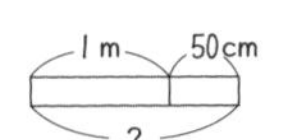

④ 5m40cm＋3m＝ 8 m 40 cm

⑤ 7m10cm＋3m50cm＝ 10 m 60 cm

2 つぎの　計算を　しましょう。

① 70cm＋50cm＝ 120 cm＝ 1 m 20 cm

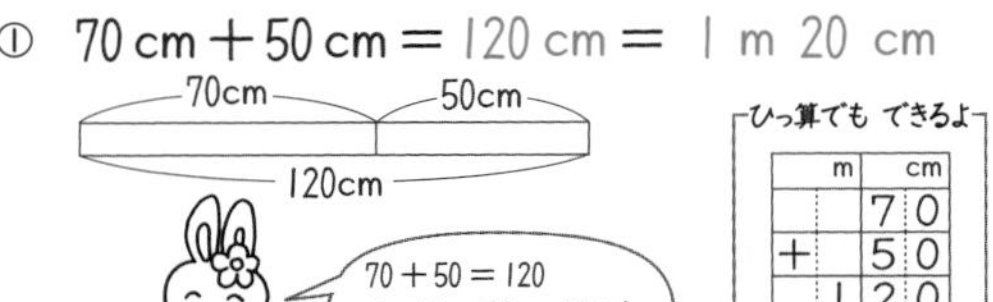

ひっ算でも　できるよ

	m	cm	
		7	0
＋		5	0
	1	2	0

② 1m80cm＋20cm＝ 2 m

③ 5m70cm＋1m50cm＝ 7 m 20 cm

月　日 名前

長い　ものの　長さ ⑤

長さの　計算

つぎの　計算(けいさん)を　しましょう。

① 8m－5m＝3m　② 12m－7m＝5m

③ 1m－20cm＝80cm

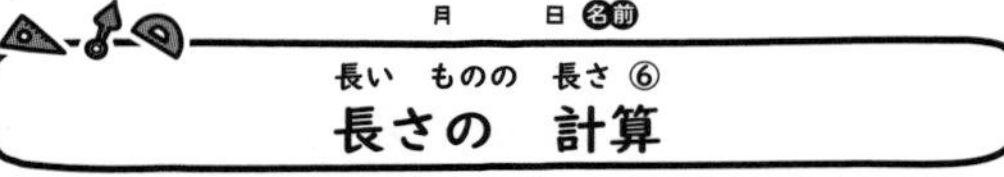

④ 5m30cm－4m＝ 1 m30cm

⑤ 7m90cm－2m40cm＝5m50cm

⑥ 3m50cm－70cm＝ 350 cm－70 cm

（50cm－70cmは　できない。3m50cm＝350cmだから）

＝ 280 cm

＝ 2 m 80 cm

ひっ算でも　できるよ

	m	cm	
	3	5	0
－		7	0
		2	8	0

⑦ 1m40cm－60cm＝80cm

⑧ 6m20cm－3m90cm＝2m30cm

月　日 名前

長い　ものの　長さ ⑥

長さの　計算

1 □に　あてはまる　長(なが)さの　たんいを　かきましょう。

① プールの　ふかさ　1 [m]

② ほうきの　長さ　85 [cm]

③ ノートの　あつさ　3 [mm]

④ 黒(こく)ばんの　よこの　長さ　7 [m]

2 5m50cmの　白い　テープと　4m70cmの　赤いテープが　あります。

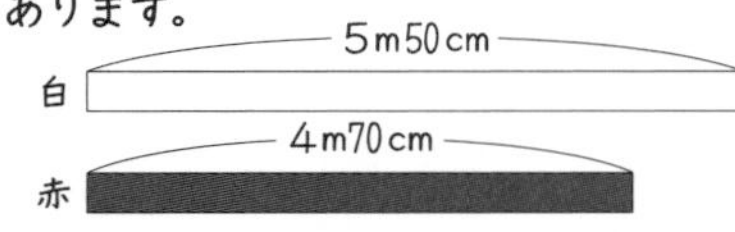

① 2つの　テープを　あわせると　長さは　どれだけですか。

しき　5m50cm＋4m70cm＝10m20cm

答(こた)え　10m20cm

m		cm	
	5	5	0
	4	7	0
1	0	2	0

② ちがいは　どれだけですか。

しき　5m50cm－4m70cm＝80cm

答え　80cm

m		cm	
	5	5	0
	4	7	0
		8	0

月　日 名前

まとめ ㉑

長い　ものの　長さ

/50点

❶ つぎの　長さは　何m何cmですか。（1もん5点／10点）

① 1mの　ものさし　2回と　あと　73cm
（ 2 m 73 cm）

② 1mの　ものさし　1回と　あと　2cm
（ 1 m 2 cm）

❷ テープの　長さは　何cm何mmで、それは　何mmですか。（10点）

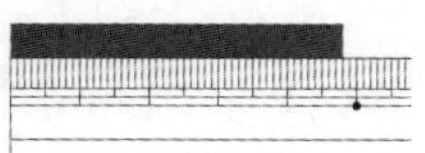

（ 4 cm 8 mm）＝（ 48 mm）

❸ 長さの　たんい（m、cm、mm）を　かきましょう。（1もん2点／10点）

① ノートの　あつさ　3（mm）
② つくえの　高さ　65（cm）
③ えんぴつの　長さ　17（cm）
④ プールの　長さ　25（ m ）
⑤ 黒ばんの　よこの　長さ　7（ m ）

❹ （　）に　あてはまる　数を　かきましょう。（1もん5点／20点）

① 2m＝（ 200 ）cm　② 300cm＝（ 3 ）m
③ 6m70cm＝（ 670 ）cm
④ 498cm＝（ 4 ）m（ 98 ）cm

162

月　日 名前

まとめ ㉒

長い　ものの　長さ

/50点

❶ たんいを　かえましょう。（1もん5点／10点）

① 176cm＝（ 1 ）m（ 76 ）cm
② 2m 8cm＝（ 208 ）cm

❷ つぎの　計算を　しましょう。（1もん4点／40点）

① 19m＋7m＝26m
② 15m－8m＝7m
③ 1m－30cm＝70cm
④ 6m50cm＋2m＝8m50cm
⑤ 8m20cm＋2m40cm＝10m60cm
⑥ 4m60cm－50cm＝4m10cm
⑦ 70cm＋30cm＝ 100 cm＝ 1 m
⑧ 2m60cm＋40cm＝ 3 m
⑨ 3m10cm＋90cm＝ 4 m
⑩ 1m80cm－70cm＝1m10cm

163

月　日 名前

10000までの　数 ①

数の　せいしつ

▫を　1と　すると　つぎの　数は　いくつですか。

	千のくらい	百のくらい	十のくらい	一のくらい
	千のタイルが（ 2 ）こ	百のタイルが（ 9 ）こ	十のタイルが（ 8 ）こ	一のタイルが（ 2 ）こ
かん字で かくと	にせん（二千）	きゅうひゃく（九百）	はちじゅう（八十）	に（二）
数字で かくと	2	9	8	2

164

月　日 名前

10000までの　数 ②

数の　せいしつ

つぎの　数を　数字で　かきましょう。

① 1000を　3こと、100を　2こと、10を　8こと、1を　5こ　あわせた　数。（ 3285 ）
② 1000を　2こと、100を　8こと、10を　3こ　あわせた　数。（ 2830 ）
③ 1000を　4こと、100を　5こと、1を　7こ　あわせた　数。（ 4507 ）
④ 100を　42こ　あつめた　数。（ 4200 ）
⑤ 10を　980こ　あつめた　数。（ 9800 ）
⑥ 37を　100こ　あつめた　数。（ 3700 ）
⑦ 1000を　10こ　あつめた　数。（ 10000 ）
⑧ 9999より　1　大きい　数。（ 10000 ）

165

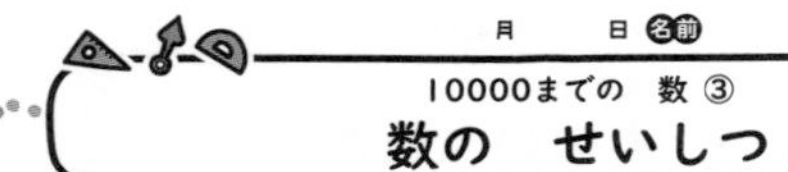

月　日 名前

10000までの　数 ③

数の　せいしつ

① □に　あてはまる　数を　かきましょう。

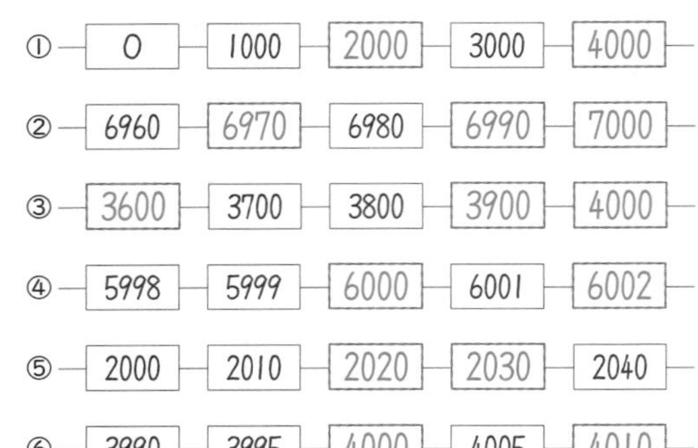

①	0	1000	2000	3000	4000
②	6960	6970	6980	6990	7000
③	3600	3700	3800	3900	4000
④	5998	5999	6000	6001	6002
⑤	2000	2010	2020	2030	2040
⑥	3990	3995	4000	4005	4010

② つぎの　数を　かきましょう。

① 6599より　1　大きい　数。（ 6600 ）

② 7000より　1　小さい　数。（ 6999 ）

③ 9990より　10　大きい　数。（ 10000 ）

④ 10000より　1　小さい　数。（ 9999 ）

月　日 名前

10000までの　数 ④

数の　せいしつ

① 130，120，80＋50，140を　くらべましょう。

・130，80＋50は　同じ　大きさです。

130 ＝ 80＋50

・80＋50は　120より　大きいです。

80＋50 > 120

・130は　140より　小さいです。

130 < 140

② □に　あてはまる　<，>，＝を　かきましょう。

① 700 < 800　　② 567 < 576

③ 825 > 699　　④ 632 > 618

⑤ 700 ＝ 100＋600　　⑥ 359 > 358

⑦ 300＋200 > 400　　⑧ 168 < 368

⑨ 400 > 600−300　　⑩ 472 < 601

⑪ 800−100 > 500　　⑫ 170−90 < 90

月　日 名前

10000までの　数 ⑤

何百・何千の　たし算

① つぎの　計算を　しましょう。

① 700＋400＝1100　　② 300＋900＝1200

③ 400＋800＝1200　　④ 700＋700＝1400

⑤ 500＋700＝1200　　⑥ 900＋800＝1700

⑦ 4000＋5000＝9000　　⑧ 2000＋6000＝8000

⑨ 3000＋6000＝9000　　⑩ 5000＋5000＝10000

② つぎの　計算を　しましょう。

① 700 ＋ 800 ＝ 1500

② 200 ＋ 900 ＝ 1100

③ 3000 ＋ 4000 ＝ 7000

④ 8000 ＋ 1000 ＝ 9000

⑤ 7000 ＋ 3000 ＝ 10000

⑥ 6000 ＋ 4000 ＝ 10000

月　日 名前

10000までの　数 ⑥

何百・何千の　ひき算

① つぎの　計算を　しましょう。

① 600−400＝200　　② 1000−200＝800

③ 1000−500＝500　　④ 1000−900＝100

⑤ 1300−500＝800　　⑥ 1700−900＝800

⑦ 7000−2000＝5000　　⑧ 9000−6000＝3000

⑨ 10000−3000＝7000　　⑩ 10000−8000＝2000

② つぎの　計算を　しましょう。

① 1300 − 800 ＝ 500

② 1500 − 600 ＝ 900

③ 1000 − 900 ＝ 100

④ 10000 − 4000 ＝ 6000

⑤ 10000 − 6000 ＝ 4000

⑥ 10000 − 2000 ＝ 8000

月　日 名前

まとめ ㉓

10000までの　数

／50点

1 つぎの　数を　数字で　かきましょう。（1もん4点／20点）

① 1000を　5こと　100を　9こと　10を　2こ　あわせた　数。（5920）

② 100を　8こと　10を　9こ　あわせた　数。（890）

③ 100を　64こ　あつめた　数。（6400）

④ 10を　790こ　あつめた　数。（7900）

⑤ 52を　100こ　あつめた　数。（5200）

2 □に　あてはまる　数を　かきましょう。（1もん5点／20点）

① 840 ― 850 ― 860 ― 870 ― 880

② 796 ― 795 ― 794 ― 793 ― 792

③ 6870 ― 6880 ― 6890 ― 6900 ― 6910

④ 2000 ― 3000 ― 4000 ― 5000 ― 6000

3 つぎの　数を　かきましょう。（1つ5点／10点）

① 7499より　1　大きい　数。（7500）

② 8000より　1　小さい　数。（7999）

まとめテスト

月　日 名前

まとめ ㉔

10000までの　数

／50点

1 □に　あてはまる　<、>、＝を　かきましょう。（1もん2点／20点）

① 665 > 656　② 531 > 519

③ 704 < 752　④ 468 < 469

⑤ 800 ＝ 100＋700　⑥ 200＋400 > 500

⑦ 300 ＝ 700－400　⑧ 592 < 601

⑨ 900－100 > 400　⑩ 180－90 ＝ 90

2 つぎの　計算を　しましょう。（1もん2点／30点）

① 600＋500＝1100　② 800＋700＝1500

③ 600＋900＝1500　④ 200＋800＝1000

⑤ 3000＋5000＝8000　⑥ 2000＋7000＝9000

⑦ 6000＋4000＝10000　⑧ 8000＋2000＝10000

⑨ 700－300＝400　⑩ 1000－400＝600

⑪ 1600－700＝900　⑫ 1800－900＝900

⑬ 9000－5000＝4000　⑭ 10000－2000＝8000

⑮ 10000－4000＝6000

月　日 名前

分数 ①

分数とは

もとの　大きさを　同じ　大きさの　2つに　分けた　1つを　二分の一と　いい、$\frac{1}{2}$と　あらわします。

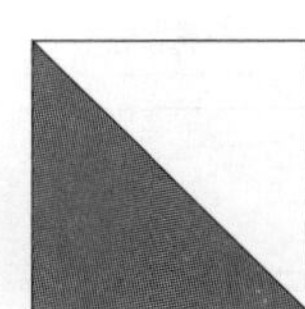

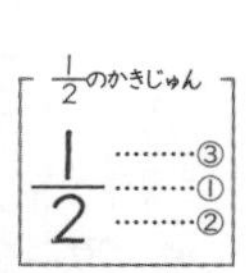

もとの　大きさを　同じ　大きさの　3つに　分けた　1つを　三分の一と　いい、$\frac{1}{3}$と　あらわします。

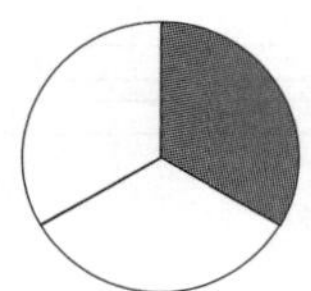

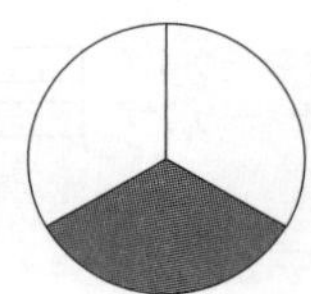

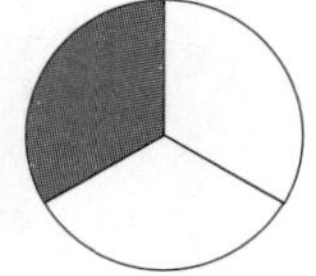

月　日 名前

分数 ②

分数とは

1 もとの　大きさの　二分の一に　色を　ぬりましょう。

①

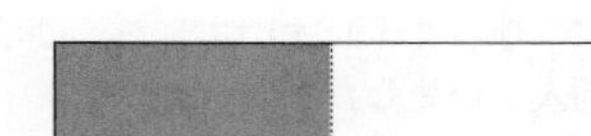

②

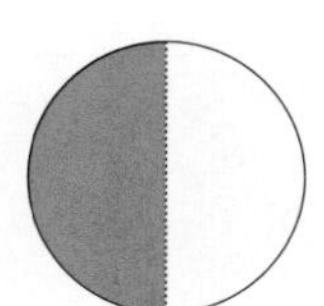

2 もとの　大きさの　三分の一に　色を　ぬりましょう。

①

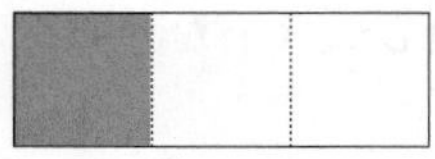

②

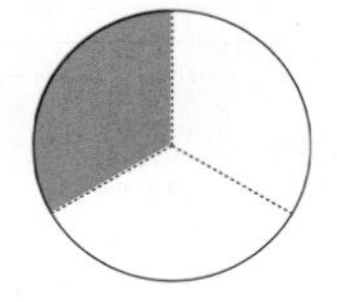

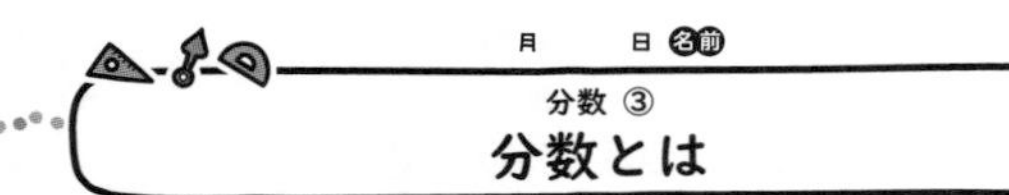

月　日 名前

分数 ③

分数とは

つぎの　①～⑤の　テープは、もとの　大きさの　何分の一ですか。分数を　かきましょう。

もとの　大きさ

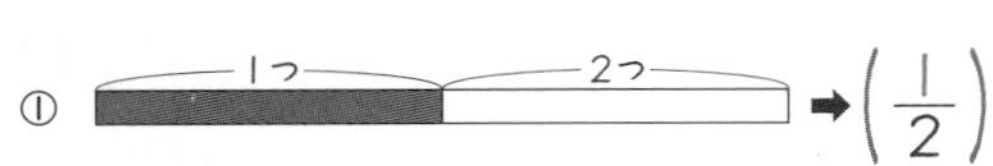

① $\left(\frac{1}{2}\right)$

② $\left(\frac{1}{3}\right)$

③ $\left(\frac{1}{4}\right)$

④ $\left(\frac{1}{5}\right)$

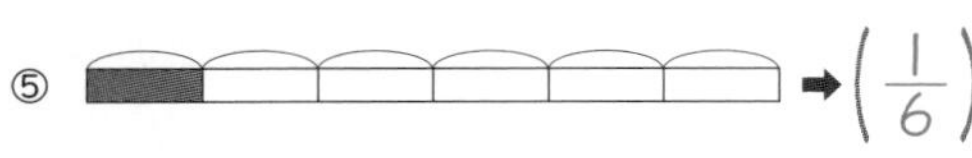

⑤ $\left(\frac{1}{6}\right)$

174

月　日 名前

分数 ④

分数とは

いたの　チョコレートが　あります。つぎの　①～③は、もとの　大きさの　何分の一ですか。分数を　かきましょう。

もとの　大きさ

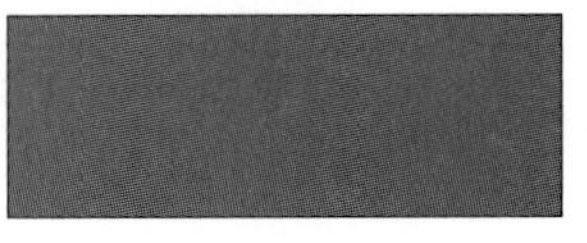

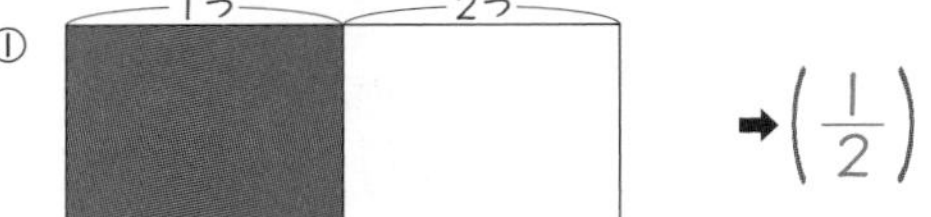

① $\left(\frac{1}{2}\right)$

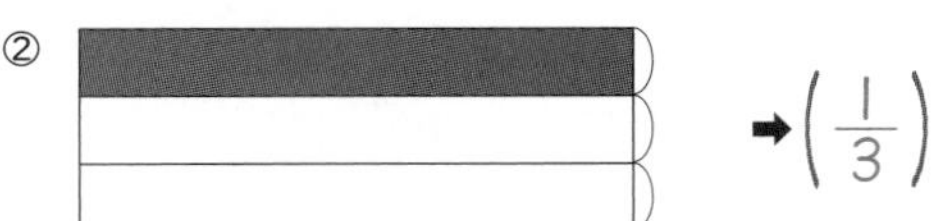

② $\left(\frac{1}{3}\right)$

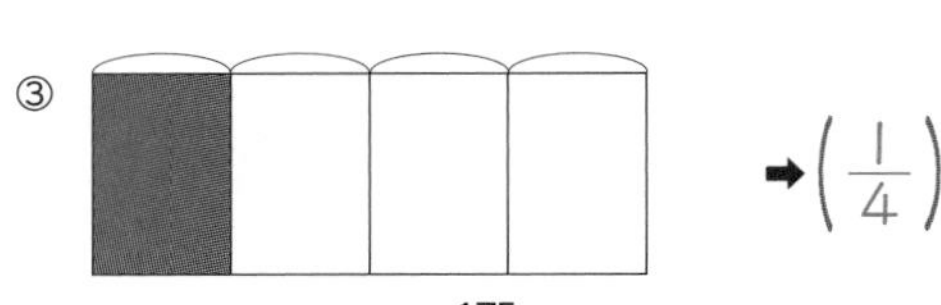

③ $\left(\frac{1}{4}\right)$

175

月　日 名前

たすのかな・ひくのかな ①

テープ図

① 女の子が　あそんで　います。はじめに　あそんでいた　女の子のうち　11人が　帰って　しまったので　17人に　なって　しまいました。はじめに　女の子は　何人　いましたか。

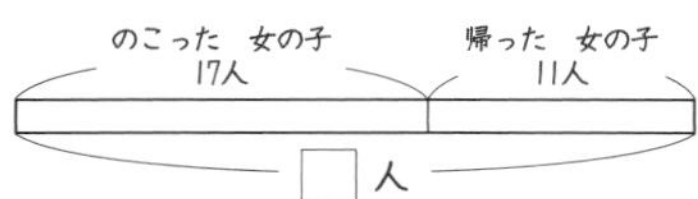

しき　17＋11＝28

答え　28人

② 公園で　47わの　ハトが　えさを　食べていました。人が　よこを　通ったので　15わがにげて　いきました。にげなかった　ハトは　何わですか。

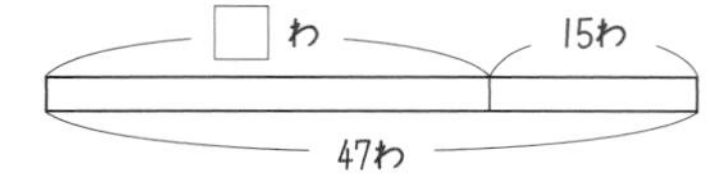

しき　47－15＝32

答え　32わ

176

月　日 名前

たすのかな・ひくのかな ②

テープ図

① ひとみさんは　えんぴつを　21本　もっていました。ともだちに　何本か　もらったので　29本に　なりました。何本　もらいましたか。

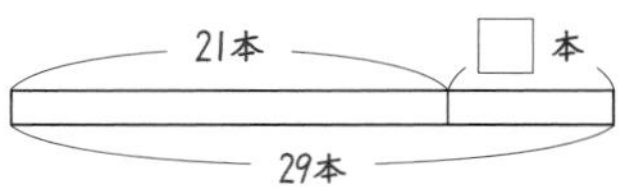

しき　29－21＝8

答え　8本

② チューリップの　花が　さきはじめました。赤が　18本、白は　赤より　5本　多くさきました。白い　チューリップの　花は　何本さきましたか。

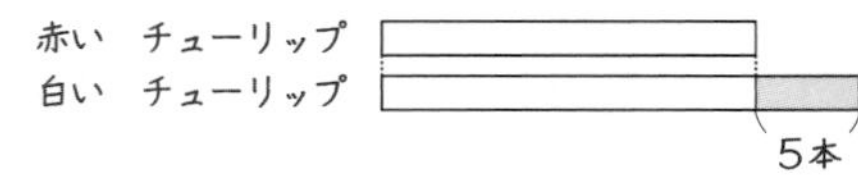

しき　18＋5＝23

答え　23本

177

月　日 名前

たすのかな・ひくのかな ③

テープ図

① きのう、チューリップの　花が　12本　さいていました。きょうは　25本　さいていました。
チューリップの　花は　何本　ふえましたか。

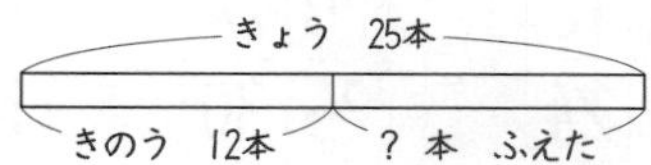

しき　25－12＝13

答え　13本

② 子どもに　えんぴつを　40本　くばりました。のこりの　えんぴつは　20本です。えんぴつは　はじめ　何本　ありましたか。

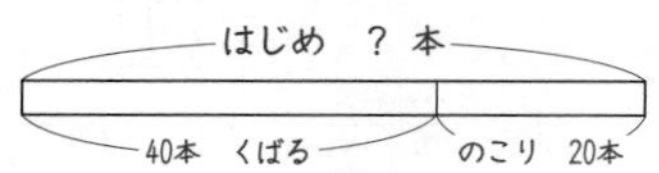

しき　40＋20＝60

答え　60本

月　日 名前

たすのかな・ひくのかな ④

テープ図

① どんぐりを　ぼくは　28こ　ひろいました。兄さんは、ぼくより　9こ　多く　ひろいました。兄さんは　何こ　ひろいましたか。

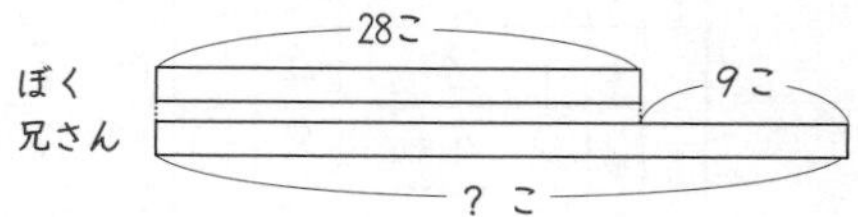

しき　28＋9＝37

答え　37こ

② 1年生は　48人　います。2年生は、1年生より　12人　少ないです。2年生は　何人　いますか。

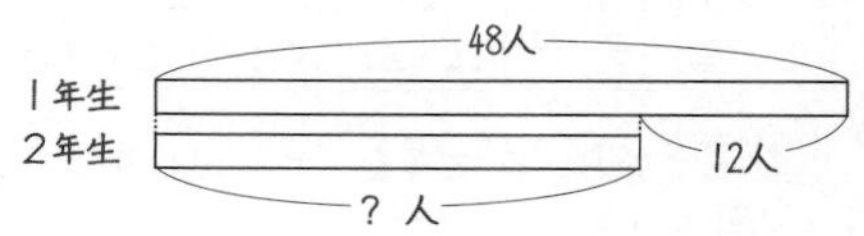

しき　48－12＝36

答え　36人

月　日 名前

考える　力を　つける ①

ぼうを　つかって

マッチぼうや　つまようじなどを　つかって　つぎの　形を　つくりましょう。それぞれ　何本　つかいますか。

①
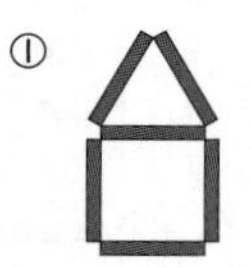
（6）本

②
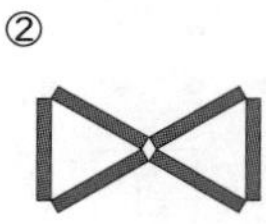
（6）本

③
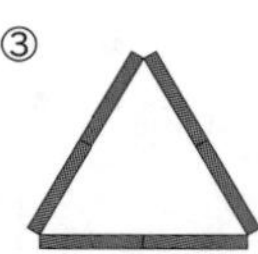
（6）本

④
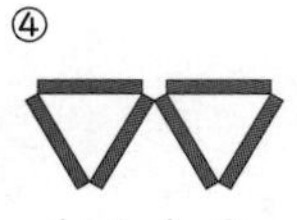
（6）本

⑤
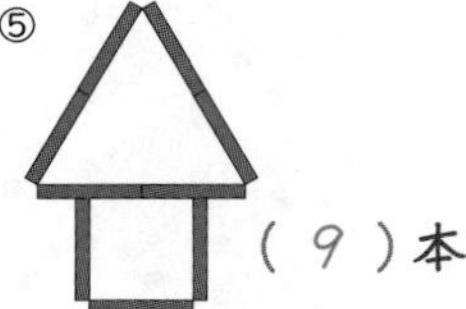
（9）本

⑥
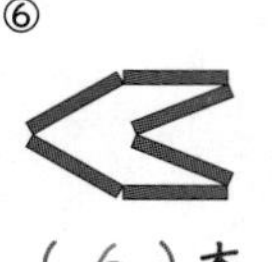
（6）本

⑦

（10）本

月　日 名前

考える　力を　つける ②

タイルを　つかって

つぎの　形は　◢を　何まい　つかうと　できますか。

①
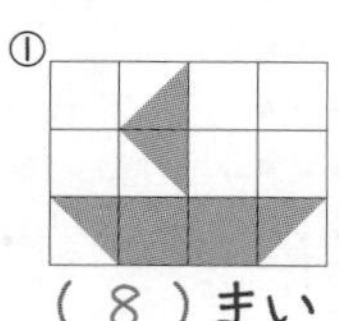
（8）まい

②
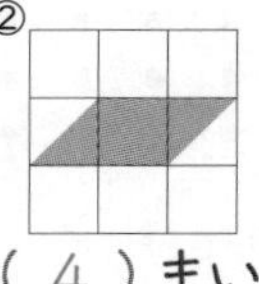
（4）まい

③
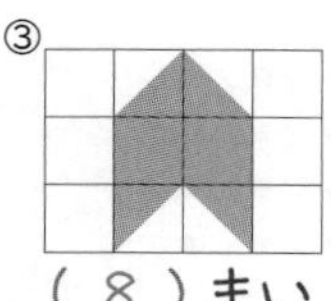
（8）まい

④
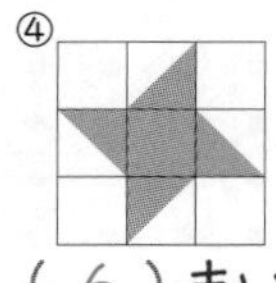
（6）まい

⑤
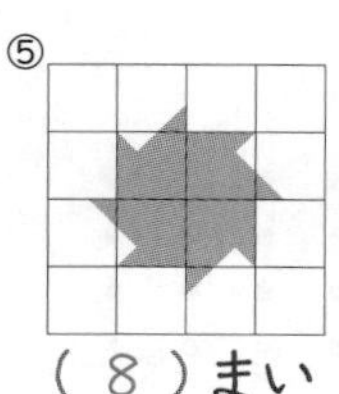
（8）まい

⑥
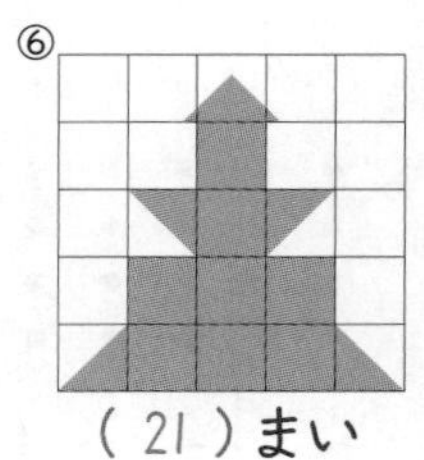
（21）まい

月　日 名前

考える　力を　つける ③

九九の　ひょう

答えの　数が　ないところは、かき入れましょう。

×	かける数								
	1	2	3	4	5	6	7	8	9
かけられる数 1	1	2	3	4	5	6	7	8	9
2	2	4	6	8	10	12	14	16	18
3	3	6	9	12	15	18	21	24	27
4	4	8	12	16	20	24	28	32	36
5	5	10	15	20	25	30	35	40	45
6	6	12	18	24	30	36	42	48	54
7	7	14	21	28	35	42	49	56	63
8	8	16	24	32	40	48	56	64	72
9	9	18	27	36	45	54	63	72	81

ひょうから　4マスを　とり出しました。□に入る数を　もとめます。

9	12
12	16

12−9＝3　3ふえるのは、3のだん！

3のだんの　下は　4のだん

四三12で　つぎは　四四16、□は16！

182

月　日 名前

考える　力を　つける ④

九九の　ひょう

九九の　ひょうの　4マスを　とり出しました。□に　入る　数を　もとめましょう。

①

14	16
21	24

②

20	24
25	30

③

14	21
16	24

④

42	49
48	56

⑤

8	10
12	15

⑥

40	45
48	54

⑦

12	18	
	21	28

⑧

10	12
	18
	24

⑨

	20
18	24
21	

⑩

	42
40	48
	54

⑪

35	
42	
49	56

⑫

6	
8	12
	15

183

月　日 名前

考える　力を　つける ⑤

かけ算の　りよう

●の数を　数えます。□に　数を　かきましょう。

①

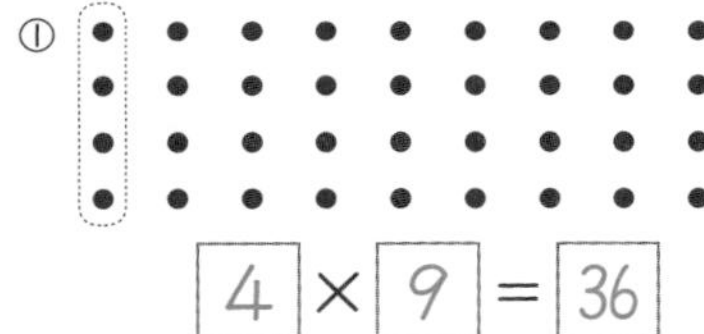

4 × 9 ＝ 36

②

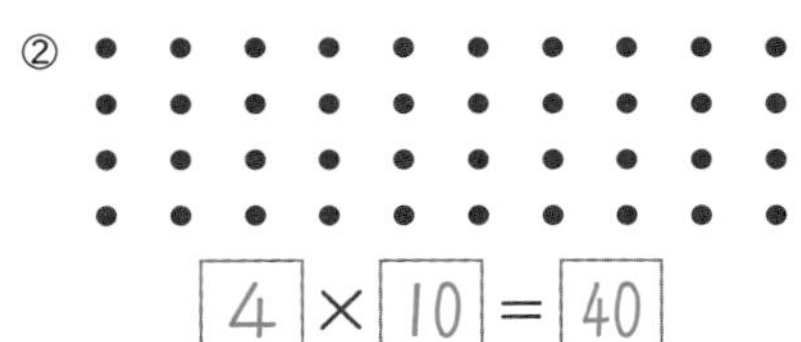

4 × 10 ＝ 40

③

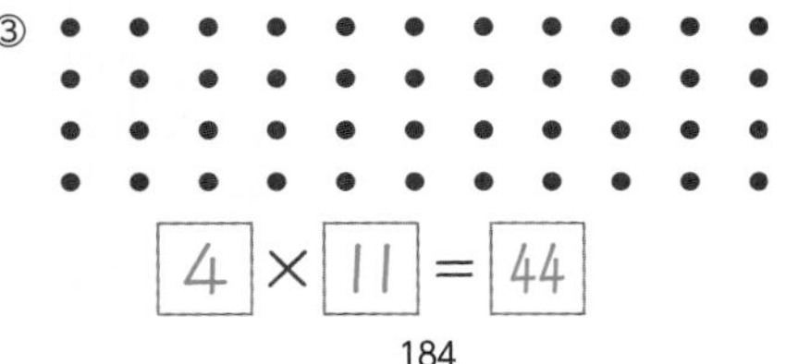

4 × 11 ＝ 44

184

月　日 名前

考える　力を　つける ⑥

かけ算の　りよう

●の数を　数えます。□に　数を　かきましょう。

①

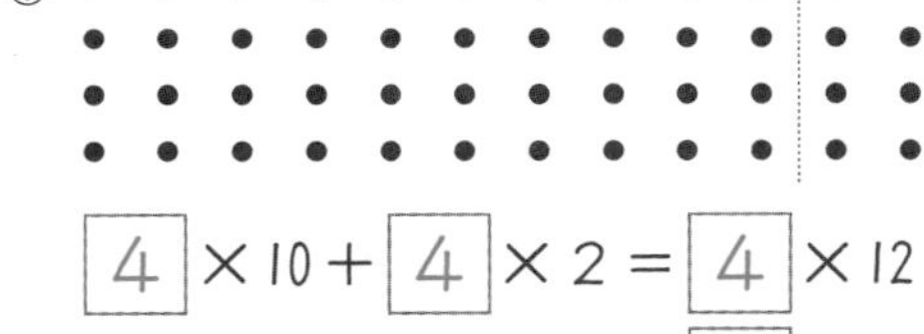

4 ×10＋ 4 ×2＝ 4 ×12

＝ 48

②

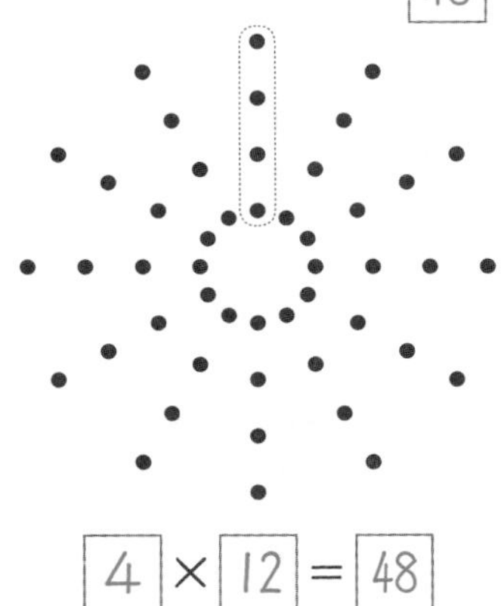

4 × 12 ＝ 48

185

月　日 名前

考える　力を　つける ⑦

100の　ほ数

あわせて　10になる　数を　10の　ほ数と　いいます。たとえば

1　と　9　で　10　、2　と　8　で　10
3　と　7　で　10　、4　と　6　で　10
5　と　5　で　10　、6　と　4　で　10

などです。

ここでは、あわせて　100になる　100の　ほ数を　考えます。たとえば

28 ＋ [72] ＝ 100

□の　数の　一のくらいは

8　だから　2　（10の　ほ数）

となり、十のくらいに　くり上がります。

□の　数の　十のくらいは

2　だから　7　（9の　ほ数）

28の　100の　ほ数は　72と　なります。

十のくらい（9の　ほ数）、一のくらい（10の　ほ数）の　じゅんに　28を　見て、すぐ　72と　答えられるように　しましょう。

月　日 名前

考える　力を　つける ⑧

100の　ほ数

□に　あてはまる　数を　かきましょう。

① 19＋[81]＝100　② 26＋[74]＝100
③ 35＋[65]＝100　④ 47＋[53]＝100
⑤ 57＋[43]＝100　⑥ 66＋[34]＝100
⑦ 71＋[29]＝100　⑧ 83＋[17]＝100
⑨ 91＋[9]＝100　⑩ 17＋[83]＝100
⑪ 25＋[75]＝100　⑫ 36＋[64]＝100
⑬ 42＋[58]＝100　⑭ 53＋[47]＝100
⑮ 61＋[39]＝100　⑯ 77＋[23]＝100
⑰ 85＋[15]＝100　⑱ 97＋[3]＝100
⑲ 13＋[87]＝100　⑳ 23＋[77]＝100

月　日 名前

考える　力を　つける ⑨

あなあき　九九

かけ算　九九は、すらすら　いえるように　なりましたか。

① 3 × 6 ＝ [18]　② 4 × 7 ＝ [28]

①は　3×6＝18、②は　4×7＝28　でした。
では、こんな　もんだいは、どうでしょう。

① 3 × [6] ＝ 18　② 4 × [7] ＝ 28

①は　3のだんの　九九を　となえて
3×1＝3、3×2＝6、3×3＝9
3×4＝12、3×5＝15、3×6＝18
6ですね。

②は　4のだんの　九九を　となえて
4×1＝4、4×2＝8、4×3＝12
4×4＝16、4×5＝20、4×6＝24
4×7＝28
7ですね。

これを　**あなあき九九**と　いいます。
少し　れんしゅうを　してみましょう。

月　日 名前

考える　力を　つける ⑩

あなあき　九九

□に　あてはまる　数を　かきましょう。

① 2×[3]＝6　② 7×[8]＝56
③ 6×[6]＝36　④ 4×[7]＝28
⑤ 5×[8]＝40　⑥ 8×[4]＝32
⑦ 7×[7]＝49　⑧ 5×[6]＝30
⑨ 5×[5]＝25　⑩ 2×[5]＝10
⑪ 8×[8]＝64　⑫ 8×[3]＝24
⑬ 9×[7]＝63　⑭ 4×[2]＝8
⑮ 9×[5]＝45　⑯ 7×[9]＝63
⑰ 9×[2]＝18　⑱ 3×[4]＝12
⑲ 8×[2]＝16　⑳ 7×[4]＝28